计算机科学与技术专业规划教材

C语言及程序设计基础上机指导和习题解答

主编 谭成予
参编 高柯夫

武汉大学出版社

图书在版编目(CIP)数据

C语言及程序设计基础上机指导和习题解答/谭成予主编.—武汉:武汉大学出版社,2010.6
计算机科学与技术专业规划教材
ISBN 978-7-307-07749-2

Ⅰ.C… Ⅱ.谭… Ⅲ.C语言—程序设计—高等学校—教学参考资料
Ⅳ.TP312

中国版本图书馆CIP数据核字(2010)第084568号

责任编辑:林 莉　　责任校对:王 建　　版式设计:支 笛

出版发行:**武汉大学出版社**　(430072　武昌　珞珈山)
　　　　　(电子邮件:cbs22@whu.edu.cn　网址:www.wdp.com.cn)
印刷:通山金地印务有限公司
开本:787×1092　1/16　印张:19.75　字数:499千字　插页:1
版次:2010年6月第1版　　2010年6月第1次印刷
ISBN 978-7-307-07749-2/TP·358　　　定价:32.00元

版权所有,不得翻印;凡购买我社的图书,如有缺页、倒页、脱页等质量问题,请与当地图书销售部门联系调换。

前 言

计算机是操作性极强的应用型学科，学习程序设计包括理论和实践操作两个环节。作者在武汉大学为一年级本科生教授程序设计时，发现许多学生在课堂教学环境对理论能够正确理解，但在上机实验环境却难以自行动手编程。一旦离开了老师的指导，很多初学者面对实践操作就会有点无所适从，因而编写本书，作为《C语言及程序设计基础》一书的配套上机实验指导教材，供同学们在实际操作过程中参考。

学习程序设计，设计思想上需要"以算法带动文法"、"学思想用细节"，而实际操作中需要精通编程文法和编译工具的使用。工具和文法是编程的辅助手段，学会对它们的熟练使用，可以帮助程序员顺利地将头脑中的设计思想实现，变成实用的程序。

本书是为水平各不相同的所有程序设计人员编写的，既可作为程序设计的初学者和程序员作为C语言实践操作时的指导手册，又可作为讲授《C语言及程序设计基础》一书的教师的参考书。我们相信本书及配套教材《C语言及程序设计基础》将为读者提供一种内容丰富而富有挑战性的学习经历。

欢迎访问我们建立的课程资源网站：http://jpkc.whu.edu.cn/jpkc2005/alprogram/。

本书系统地介绍C语言的实验指导和习题解答。全书共分三个部分，下面简单介绍这些章节的内容：

- 第一部分：C语言上机指导

这个部分包括从第1章到第6章的内容。第1章到第4章分别介绍了在Visual C++2005、Dev C++、Turbo C和Unix/Linux操作系统中的C编译器等常用C程序开发环境中编辑、编译、链接、运行和调试的具体步骤和方法。第5章介绍了软件测试的常用方法，可帮助读者更好地选择软件测试用例。第6章给出了与《C语言及程序设计基础》中每一章对应的上机指导1到上机指导11的内容安排。

- 第二部分：C语言编程高级篇

这个部分包括从第7章到第11章的内容。第7章介绍了在Turbo C中完成文本界面设计的基本方法。第8章介绍了在Turbo C中进行图形图像处理的基本技术。第9章介绍了在Turbo C中实现中断编程的方法。第10章以Visual C为编程环境，介绍了使用Winsock完成网络通信编程的技术。第11章着重描述C99标准中新增的功能。

- 第三部分：习题参考答案

这个部分给出了包括配套教材《C语言及程序设计基础》各章中超过95%习题的参考答案，少数几个习题未给出参考答案，可供学生自行扩展功能后作为课堂教学中课程设计的参考题目。

很高兴在此表达对许多人士的感谢。特别感谢高柯夫在本书编写过程给予的大力支持，为本书收集并整理了大量资料，并提供了第二部分中大部分章节的初稿。同时还要感谢武汉大学出版社的工作人员为本书完成的排版工作。

谭成予

2010年3月于武汉大学

目 录

第一部分 C语言上机指导

第1章 在Visual C++ 2005中编写C程序 ... 3
1.1 Visual Studio 2005 简介 ... 3
1.1.1 Visual Studio 2005 简介 ... 3
1.1.2 Visual C++ 2005 简介 ... 3
1.2 Visual Studio 2005 安装 ... 4
1.2.1 Visual Studio 2005 要求的系统配置 ... 4
1.2.2 安装 Visual Studio 2005 ... 4
1.2.3 安装 MSDN ... 7
1.3 集成开发环境IDE简介 ... 7
1.3.1 启动进入 Visual C++ 2005 ... 8
1.3.2 工具栏选项 ... 8
1.3.3 项目和解决方案 ... 9
1.3.4 设置 Visual C++ 2005 的选项 ... 10
1.4 使用IDE编写C程序 ... 10
1.4.1 创建新项目和源程序 ... 10
1.4.2 编辑已存在的项目及源程序 ... 14
1.4.3 编译并构建解决方案 ... 15
1.4.4 运行解决方案 ... 15
1.5 Visual C++ 2005 中的调试工具 ... 16
1.5.1 程序故障 ... 16
1.5.2 调试器 ... 16
1.5.3 设置断点 ... 17
1.5.4 设置跟踪点 ... 18
1.5.5 启动调试模式 ... 19
1.5.6 检查和修改变量的值 ... 20

第2章 在Dev C++中编写C程序 ... 22
2.1 Dev C++简介 ... 22
2.2 Dev C++安装 ... 22
2.2.1 Dev C++要求的系统配置 ... 22
2.2.2 安装 Dev C++ ... 23

2.3 使用 Dev C++编写 C 程序 ·· 29
　2.3.1 启动进入 Dev C++ ··· 29
　2.3.2 创建新的工程及源程序 ··· 30
　2.3.3 编辑已存在的工程及源程序 ·· 33
　2.3.4 编译和连接 ··· 33
　2.3.5 运行程序 ·· 35
2.4 Dev C++中调试工具 ··· 35
　2.4.1 设置与调试有关的选项 ··· 35
　2.4.2 调试工具 ·· 35

第3章 Turbo C 2.0 编译系统

3.1 Turbo C 2.0/3.0 简介 ·· 37
3.2 Turbo C 2.0 安装 ·· 37
　3.2.1 Turbo C 2.0 要求的系统配置 ··· 37
　3.2.2 安装 Turbo C 2.0 ··· 37
3.3 Turbo C 2.0 主界面简介 ··· 38
　3.3.1 启动进入 Turbo C2.0 ··· 38
　3.3.2 菜单栏 ·· 38
　3.3.3 编辑区 ·· 39
　3.3.4 信息提示区 ··· 39
　3.3.5 快捷提示区 ··· 40
　3.3.6 退出 Turbo C ··· 40
　3.3.7 Turbo C 的工作准备 ·· 40
3.4 使用 Turbo C 2.0 编写 C 程序 ··· 40
　3.4.1 创建新的源程序 ·· 40
　3.4.2 编辑已存在的源程序 ··· 41
　3.4.3 编译和连接 ··· 41
　3.4.4 运行程序 ·· 42
3.5 Turbo C 2.0 中调试工具 ··· 43
　3.5.1 断点调试模式 ·· 43
　3.5.2 单步调试模式 ·· 43
　3.5.3 查看并修改变量值 ·· 43
　3.5.4 设置监视窗口 ·· 43
　3.5.5 终止调试模式 ·· 44

第4章 在Unix/Linux 中编写 C 程序

4.1 Unix/Linux 简介 ··· 45
4.2 cc 编译命令和 gcc 编译器 ··· 46
　4.2.1 cc 编译命令 ·· 46
　4.2.2 gcc 编译器 ··· 49

4.3 在 Unix/Linux 中编写 C 程序 ································· 50
    4.3.1 创建并编辑源程序文件 ································· 50
    4.3.2 编译和连接 ································· 51
    4.3.3 运行程序 ································· 51

第 5 章 软件测试
5.1 软件测试的基本概念 ································· 52
    5.1.1 软件测试和程序调试的区别 ································· 52
    5.1.2 软件测试的基本概念 ································· 52
5.2 软件测试的基本方法 ································· 53
    5.2.1 白盒法 ································· 54
    5.2.2 黑盒法 ································· 56
5.3 软件测试的实施 ································· 56

第 6 章 上机实验安排
上机指导 1 使用常用 C 编译环境编写 C 程序 ································· 58
上机指导 2 数据、类型和运算 ································· 60
上机指导 3 顺序结构程序设计 ································· 62
上机指导 4 流程控制 ································· 65
上机指导 5 函数 ································· 68
上机指导 6 程序测试与调试 ································· 73
上机指导 7 数组 ································· 74
上机指导 8 指针 ································· 76
上机指导 9 结构、联合、枚举和 typedef ································· 78
上机指导 10 流与文件 ································· 84
上机指导 11 综合程序设计 ································· 88

第二部分 C 语言编程高级篇

第 7 章 文本界面设计
7.1 文本方式的控制 ································· 93
    7.1.1 文本方式控制 ································· 93
    7.1.2 文本方式颜色控制 ································· 94
    7.1.3 字符显示亮度控制 ································· 95
    7.1.4 清屏函数 ································· 96
    7.1.5 光标操作 ································· 96
7.2 窗口设置和文本输出函数 ································· 97
    7.2.1 窗口设置函数 ································· 97
    7.2.2 控制台文本输出函数 ································· 97
    7.2.3 状态查询函数 ································· 98
7.3 文本移动和存取函数 ································· 99

7.3.1 文本移动 ... 100
 7.3.2 文本存取 ... 100
 7.4 文本方式创建亮条式菜单 ... 100

第8章 图形图像处理 ... 106
 8.1 图形图像的基本知识 ... 106
  8.1.1 图形显示的坐标 ... 106
  8.1.2 像素 ... 107
  8.1.3 有关坐标位置的函数 ... 107
 8.2 图形方式的控制 ... 107
  8.2.1 图形系统的初始化 ... 107
  8.2.2 退出图形状态 ... 110
  8.2.3 独立图形运行程序的建立 ... 110
  8.2.4 恢复显示方式和清屏函数 ... 111
  8.2.5 图形方式下的颜色控制函数 ... 111
  8.2.6 图形窗口和图形屏幕函数 ... 112
 8.3 图形函数 ... 115
  8.3.1 基本图形函数 ... 115
  8.3.2 封闭图形的填充 ... 117
  8.3.3 设定线型 ... 120
 8.4 图形方式下的文本输出 ... 121
  8.4.1 文本输出函数 ... 121
  8.4.2 格式化输出字符串函数 ... 122
  8.4.3 定义文本字型 ... 122
 8.5 动画技术 ... 125
  8.5.1 动态开辟图视口的方法 ... 125
  8.5.2 利用显示页和编辑页交替变化 ... 125
  8.5.3 利用画面存储再重放技术 ... 126
  8.5.4 利用对图像动态存储器进行操作 ... 127
 8.6 电子时钟 ... 128

第9章 中断技术 ... 140
 9.1 中断的基本概念 ... 140
  9.1.1 BIOS ... 140
  9.1.2 中断和异常 ... 141
  9.1.3 BIOS 功能调用 ... 143
 9.2 鼠标和键盘中断 ... 144
  9.2.1 鼠标的 INT33H 功能调用 ... 144
  9.2.2 常用鼠标功能函数 ... 147
 9.3 键盘编程 ... 151

| 9.3.1　键盘扫描码 ·· 151
| 9.3.2　键盘缓冲区 ·· 154
| 9.3.3　键盘操作函数 bioskey() ··· 154

第 10 章　网络通信编程 ·· 155
10.1　Winsock 编程基础 ·· 155
10.1.1　常用协议报头 ·· 155
10.1.2　Winsock 基础 ·· 157
10.1.3　套接字选项 ·· 160
10.1.4　名字解析 ·· 162
10.2　串口编程和并口编程 ·· 163
10.2.1　基本概念 ·· 163
10.2.2　串行接口和串行通信 ·· 163
10.2.3　并行接口和并行通信 ·· 165
10.2.4　串/并口的输入输出函数 ·· 166
10.3　实现 Ping 命令 ·· 166

第 11 章　C99 标准 ·· 182
11.1　C99 简介 ·· 182
11.1.1　C99 和 C89 的差异 ·· 182
11.1.2　对 C99 的支持 ··· 183
11.2　新的内置数据类型 ·· 184
11.2.1　_Bool ·· 184
11.2.2　_Complex 和 _Imaginary ·· 184
11.2.3　long long int 类型 ·· 185
11.3　扩展的整数类型 ·· 185
11.4　注释、变量定义和运算的修改 ·· 185
11.4.1　单行注释 ·· 185
11.4.2　分散代码和声明 ··· 185
11.4.3　在 for 循环中定义变量 ·· 186
11.4.4　复合赋值 ·· 186
11.5　用 restrict 修饰的指针 ·· 187
11.6　对数组的增强 ·· 187
11.6.1　变长数组 ·· 187
11.6.2　类型修饰符在数组声明中的应用 ··· 188
11.6.3　柔性数组结构成员 ·· 189
11.7　对函数的修改 ·· 189
11.7.1　inline ·· 189
11.7.2　不再支持隐含的 int ·· 190
11.7.3　删除了隐含的函数声明 ··· 190

11.7.4　对返回值的约束 ··· 190
　　11.7.5　__func__预定义标识符 ··· 190
11.8　预处理命令的修改 ·· 191
　　11.8.1　变元表 ··· 191
　　11.8.2　_Pragma操作符 ·· 191
　　11.8.3　内置的编译指令（Pragmas） ·· 191
　　11.8.4　增加的内置宏 ·· 192
11.9　C99中的新库 ··· 192

第三部分　习题参考答案

第1章　程序设计概述 ··· 195
第2章　数据、类型和运算 ·· 197
第3章　简单程序设计 ··· 203
第4章　流程控制 ·· 209
第5章　函数 ·· 223
第6章　程序设计方法概述 ·· 238
第7章　数组 ·· 244
第8章　指针 ·· 261
第9章　结构、联合、枚举和typedef ·· 276
第10章　流与文件 ·· 287
第11章　问题求解策略和算法设计 ··· 293

参考文献 ··· 305

第一部分　C语言上机指导

第一部分的主题是 C 语言上机指南，详细地介绍编辑、编译 C 程序的上机过程，以及软件测试的基本方法，并给出上机实验安排和上机实验的要求。

第一部分的主要内容包括以下方面：
- 常见的四种 C 编译环境：Visual C++2005、Dev C++、Turbo C2.0 和 Unix/Linux 操作系统中 C 程序的编写。
- 软件测试的基本方法。
- 本书配套教材的 11 次实验安排。

第1章 在 Visual C++ 2005 中编写 C 程序

本章将介绍 Visual C++2005 的集成开发环境，以及在 Visual C++2005 中编辑、编译和连接并执行 C 程序的方法。

1.1 Visual Studio 2005 简介

1.1.1 Visual Studio 2005 简介

Visual Studio 2005 是 Microsoft 出品的一套完整的开发工具集，用于生成 ASP.NET Web 应用程序、XML Web Services、桌面应用程序和移动应用程序。Visual Studio 2005 提供的版本包括：标准版、专业版和 Team System 版。其中，Visual Studio 2005 Team System 是一个高效、集成且可扩展的软件开发生命周期工具平台，可以帮助软件团队提高整个软件开发过程中的通信和协作能力。

Visual Studio 2005 的标准版和专业版包含多种核心语言：Visual Basic、Visual C++、Visual C#和 Visual J#以及 Visual Web Developer。这些核心语言全都使用相同的集成开发环境 (IDE)，利用此 IDE 可以共享工具且有助于创建混合语言解决方案。另外，这些语言利用了 .NET Framework 的功能，通过此框架可使用简化 ASP Web 应用程序和 XML Web Services 开发的关键技术。

1.1.2 Visual C++ 2005 简介

Visual C++ 2005 是 Visual Studio 2005 中的一个集成开发工具，它可用于创建基于 Microsoft Windows 和基于 Microsoft.NET 的应用程序。它既可以用做集成开发系统，也可以用做一组独立的工具。

Visual C++ 2005 包含下列组件：

（1）Visual C++ 2005 编译器工具。该编译器包含一些新功能，支持面向虚拟计算机平台（如公共语言运行库（CLR））的开发人员。现在已经有面向 x64 和 Itanium 的编译器。

（2）Visual C++ 2005 库。其中包括行业标准活动模板库（ATL）、Microsoft 基础类（MFC）库，以及各种标准库，如标准 C++库和 C 运行时库（CRT），并新增了 C++支持库。

（3）Visual C++ 2005 开发环境。提供对项目管理与配置、源代码编辑、源代码浏览和调试工具的强大支持。该环境还支持 IntelliSense，在编写代码时可以提供智能化且特定于上下文的建议。

1.2　Visual Studio 2005 安装

1.2.1　Visual Studio 2005 要求的系统配置

Visual C++ 2005 的不同版本对硬件和系统配置的要求差别较小，总体要求如下：

（1）处理器要求：600 MHz CPU，建议 1 GHz CPU。

（2）内存要求：192 MB 内存，建议 256M 内存。

（3）可用硬盘空间：不含 MSDN 时，系统驱动器上需要 1 GB 的可用空间，安装驱动器上需要 2 GB 的可用空间。包含 MSDN 时，系统驱动器上需要 1 GB 的可用空间，完整安装 MSDN 的安装驱动器上需要 3.8 GB 的可用空间，默认安装 MSDN 的安装驱动器上需要 2.8 GB 的可用空间。

（4）显示器：800×600，256 色；建议 1024×768，增强色 16 位。

（5）支持的操作系统：Windows® 2000 Service Pack 4、Windows XP Service Pack 2、Windows Server 2003 Service Pack 1 或更高版本。对于 64 位计算机，要求 Windows Server 2003 Service Pack 1 x64 版本、Windows XP Professional x64 版本。

1.2.2　安装 Visual Studio 2005

1. 安装 Visual Studio 2005 开发工具

（1）将 Visual Studio 2005 安装盘放入计算机的光盘驱动器中，光盘运行后会自动进入安装程序界面，如图 1-1 所示。该界面中包含 3 个安装选项供用户选择，分别是：安装 Visual Studio 2005、更改或移除产品文档和检查 Service Release。应用 Visual Studio 2005 开发环境开发程序，只需安装前两项即可。这里选择"安装 Visual Studio 2005"，出现如图 1-2 所示的 Visual Studio 2005 安装向导界面。

图 1-1　Visual C++2005 安装程序界面

图 1-2　Visual C++2005 安装向导界面

（2）在如图 1-2 所示的 Visual Studio 2005 安装向导界面中，单击"下一步"，安装程序会跳转到"Visual Studio 2005 安装程序——起始页"界面。该界面左侧显示关于 Visual Studio 2005 安装程序的所需组件信息，右侧显示用户许可协议。选中"我接受许可协议中的条款"，单击"下一步"按钮，安装程序会跳转到"Visual Studio 2005 安装程序——选项页"界面，如图 1-3 所示。用户可对自己需要的功能进行选择，并对产品安装路径进行设置，通常用户选择要安装的功能为默认值，产品默认路径为"C:\Program Files\Microsoft Visual Studio 8\"。

图 1-3　Visual Studio 2005 安装程序——选项页

（3）依据图 1-3 的提示，确认安装目标磁盘具有足够的空闲空间，然后单击"安装"按钮。安装程序出现如图 1-4 所示的"Visual Studio 2005 安装程序——安装页"界面，该界面中显示正在安装组件。

（4）Visual Studio 2005 安装完成后，将弹出如图 1-5 所示的"Visual Studio 2005 安装程序——安装成功"界面。

图 1-4　Visual Studio 2005 安装程序——安装页

图 1-5 Visual Studio 2005 安装程序——安装成功

（5）单击"完成"按钮，结束安装 Visual Studio 2005 开发工具的过程。

2. 启动并配置 Visual Studio 2005 默认环境

（1）启动 Visual Studio 2005。

在 Windows 操作系统中启动 Visual Studio 2005 开发环境的方法主要有以下两种：

①单击"开始"菜单，依次选择"程序"/Microsoft Visual Studio 2005/Microsoft Visual Studio 2005 选项，便可启动 Visual Studio 2005。

②如果在安装 Visual Studio 2005 开发环境的时候在桌面上创建了快捷方式，可直接双击该快捷方式图标，即可启动 Visual Studio 2005 开发环境。

（2）配置 Visual Studio 2005 默认环境。

第一次运行 Visual Studio 2005 开发环境时，系统会弹出"选择默认环境设置"对话框，在该对话框中，用户可以根据自己的实际情况，选择适合自己的开发语言，这里选择的是"Visual C++开发设置选项"，即使用 C++语言进行开发，然后单击"启动 Visual Studio（S）"按钮即可。

（3）修改 Visual Studio 2005 默认环境。

在使用 Visual Studio 2005 开发环境时，如果希望修改默认环境设置，可单击"工具"菜单项中的"导入和导出设置"，将弹出如图 1-6 所示的"导入和导出设置向导"界面。

选中"重置所有设置"，单击"下一步"按钮，将弹出如图 1-7 所示的"导入和导出设置

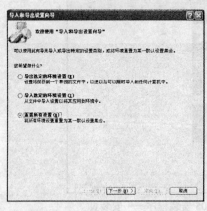

图 1-6 导入和导出设置向导

图 1-7 导入和导出设置向导——保存当前设置

向导——保存当前设置"界面,单击"下一步"按钮,将弹出如图 1-8 所示的"导入和导出设置向导——选择一个默认设置集合"界面,这时可选择你希望使用的语言环境,然后点击"完成"按钮即可。

图 1-8 导入和导出设置向导——选择一个默认设置集合

1.2.3 安装 MSDN

　　MSDN（微软开发网络，Microsoft Development Network）库提供了关于 Visual C++2005 的所有功能以及更多其他主题的详尽的参考资料。当安装 Visual C++2005 时,将出现安装部分或全部文档的选项,如果磁盘空间够用,建议安装 MSDN 库。安装 MSDN 库的过程较为简单,读者可按照安装向导的提示进行即可。

　　启动 Visual C++2005 之后,可以通过按 F1 按钮或者"帮助"菜单浏览 MSDN 库,MSDN 库不仅提供参考文档,而且在处理代码中的错误时也会是很有用的工具。

1.3 集成开发环境 IDE 简介

　　随 Visual C++2005 一起提供的 IDE（集成开发环境，Integrated Development Environment）是一个用于创建、编译、连接和测试 C/C++程序的完全独立的环境,所有程序的开发和执行都是在 IDE 内完成的。

　　Visual C++2005 的集成开发环境 IDE 的基本部件包括编辑器、编译器、连接器和库。这些都是编写和执行 C/C++所必需的基本工具。

　　（1）编辑器。编辑器给用户提供创建和编辑 C/C++源代码的交互式环境,该编辑器可通过文字的颜色来区分不同的语言元素,有助于提高代码的可读性。

　　（2）编译器。编译器负责检测并报告编译过程中的错误,并将源代码转换为目标代码。编译器输出的目标代码通常使用以.obj 为扩展名的名称。

　　（3）连接器。连接器将编译器根据源代码文件生成的各种模块组合成可执行的整体。连接器也能检测并报告错误,例如程序缺少某个组成部分,或者引用了不存在的库组件。

(4)库。库是预先编写好的例程集合,它提供专业制作的标准代码单元,支持并扩展了 C++语言。这些例程所实现的操作,由于节省了用户的工作量,从而大大提高了生产率。

1.3.1 启动进入 Visual C++ 2005

当启动 Visual C++2005 后,会出现如图 1-9 所示的应用程序窗口。其中,左边的窗口是"解决方案资源管理器"窗口;右上方目前显示的是"启动页"窗口,也是"编辑器"窗口;最右边显示的是"工具箱"窗口;下方显示的是"输出"窗口。

解决方案资源管理器(Solution Explorer)允许用户浏览程序文件,将程序文件的内容显示在"编辑器"窗口中,以及向程序中添加新的文件。解决方案资源管理器最多有 3 个附加选项卡,分别显示应用程序的类视图(Class View)、资源视图(Resource View)和属性管理器(Property Manager)。用户也可通过在"视图"菜单上选择要显示的选项卡。

编辑器窗口是输入和修改应用程序的源代码及其他组件的地方。输出窗口显示编译和连接程序时产生的消息。

Visual C++2005 的 IDE 由若干元素组成,除了包含上述的窗口之外,还包括:菜单工具栏、标准工具栏、停靠或自动隐藏在左侧、右侧、底部以及编辑器空间的各种工具窗口。在任何给定时间,可用的工具窗口、菜单和工具栏取决于所处理的项目或文件类型。

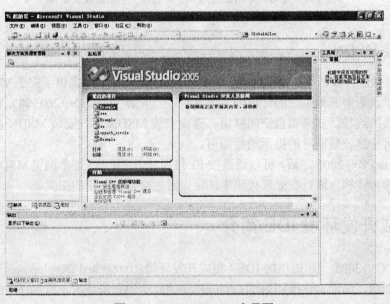

图 1-9　Visual C++2005 主界面

1.3.2 工具栏选项

用户可以选择在 Visual C++窗口中显示哪些工具栏。在工具栏区域右击,将出现如图 1-10 所示的弹出式菜单,其中包括工具栏列表,那些当前显示在窗口内的工具栏前面都带有复选标记。

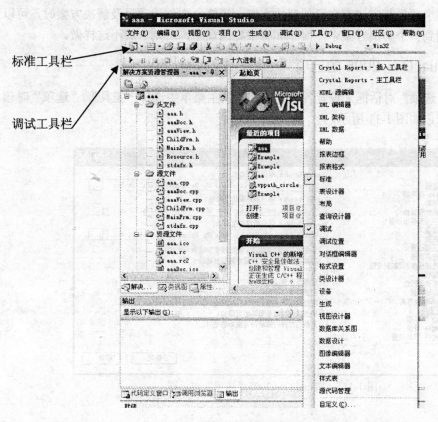

图 1-10 工具栏列表菜单

与其他 Windows 应用程序类似，VC 的工具栏也带有工具提示，只需将鼠标指针停留在某个工具栏按钮上方一秒或两秒钟，就会出现相应的提示信息。

VC 的工具栏是随处可停留的，也就是可以用鼠标到处拖动的，以便放在窗口中某个方便的位置。如果放在应用程序的任意一个边框上，则看起来就是窗口顶部的工具栏。如果将其拖离其他工具栏，它将成为一个单独的窗口。

1.3.3 项目和解决方案

项目（或称工程）是一个应用程序全部组件的容器，该应用程序可以是控制台程序、基于窗口的程序或者某种别的程序。程序通常由一个或多个包含用户代码的源文件，可能还要加上其他包含辅助数据的文件组成。同一个项目的所有文件都存储在相应的项目文件夹中，关于该项目的详细信息存储在一个扩展名为.vcproj 的 XML 文件中。项目文件夹还包含其他文件夹，它们用来存储编译及连接项目时产生的输出。

顾名思义，解决方案是一种将所有程序和其他资源聚集在一起的机制。例如，用于企业经营的分布式订单录入程序可能由若干个不同的程序组成，而各个程序可能是作为同一个解决方案中的项目开发的，因此，解决方案就是存储与一个或多个项目有关的所有信息的文件夹。与某个解决方案中的项目有关的信息存储在扩展名为.sln 和.suo 的两个文件中。当用户创建某个项目时，如果没有选择将该项目添加到现有的解决方案中，那么系统将自动创建一个新的解决方案。

一般来说，各个项目都应该有自己的解决方案。当然，在创建项目及解决方案时，可以将更多的项目添加到一个解决方案中，但除非有很好的理由，否则一般不这样做。

1.3.4 设置 Visual C++ 2005 的选项

用户可通过"选项"对话框来设置各种选项，当从主菜单中选择"工具"/"选项"时该对话框将显示出来，如图 1-11 所示。

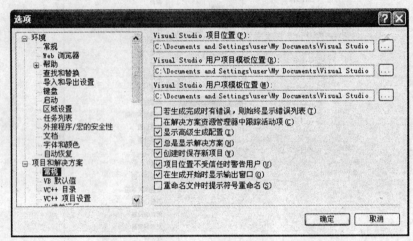

图 1-11　Visual C++2005 "选项"对话框

单击左边窗格中任意一项旁边的加号（+），将显示出子主题列表。如图 1-11 所示的"项目和解决方案"下面的"常规"子主题的选项。右边窗格显示对应于左边窗格选定主题的设置选项。单击选项对话框右上方的 Help 按钮（符号？），将显示当前选项的解释。

用户平时关心的只有少数几个选项，但花点时间看看都有哪些选项可以设置将对用户很有帮助。用户可能希望选择某个路径作为创建新项目时的默认路径，这可以通过如图 1-11 所示的"项目和解决方案"下面的"常规"子主题的选项来实现。

通过在左边窗格中选择"项目和解决方案"下面的"VC++项目设置"主题，可以设置应用于所有 C++项目的选项。

通过选择主菜单上的"项目"下面的"属性"菜单项，可以设定当前项目所特有的选项，该菜单项是定制的，以反映当前项目的名称。

1.4　使用 IDE 编写 C 程序

1.4.1　创建新项目和源程序

1. 创建新项目

（1）在 Visual C++中编写 C 程序的第一步是：创建新的 Win32 控制台项目。这个操作可以通过两种方法来实现：其一，单击主菜单中"文件"下面的"新建"/"项目"选项；其二，单击标准工具栏中的"新建项目"工具按钮。无论是上面的哪种方式，都将弹出如图 1-12 所示的"新建项目"对话框。

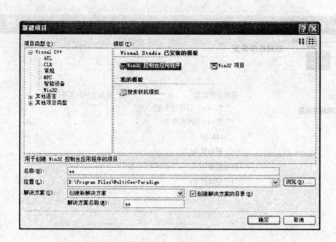

图 1-12　Visual C++2005 "新建项目"对话框

（2）在"新建项目"对话框中，请选择左边窗格中"项目类型"的"Visual C++"下面的"Win32"。然后，选择右边窗格中"模板"下方的"Win32 控制台应用程序"。进而，可以在下方的窗格内输入新建项目及其解决方案的名称，例如输入项目名称"aa"，并确认新建项目的位置。最后，单击"确认"按钮，将显示如图 1-13 所示的"Win32 应用程序向导"对话框。

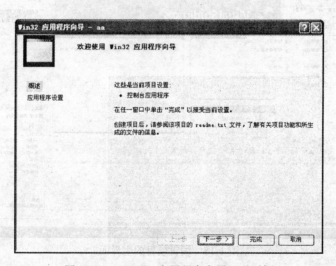

图 1-13　"Win32 应用程序向导"对话框

（3）单击"Win32 应用程序向导"对话框中的"下一步"按钮，将显示如图 1-14 所示的"Win32 应用程序向导——应用程序设置"对话框。

（4）在如图 1-14 所示的"Win32 应用程序向导——应用程序设置"对话框中，用户可在"应用程序类型"中，选择"控制台应用程序"。在"附加选项"中可以选择"空项目"或者"预编译头"，这里将要编写的是纯 C 程序，因此推荐选择"空项目"。最后，点击"完成"按钮，将显示如图 1-15 所示的新建项目的编辑主界面。

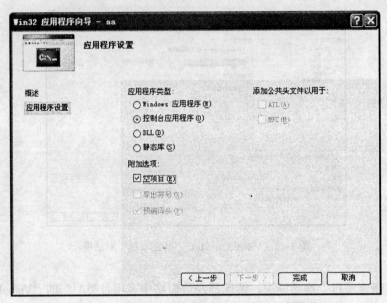

图1-14 Win32应用程序向导——应用程序设置

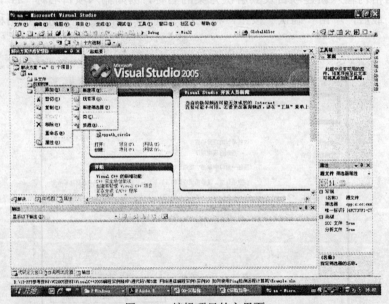

图1-15 编辑项目的主界面

2. 创建新的源程序文件

（1）如图1-15所示的是刚刚新建的项目aa的编辑主界面，注意此时项目aa是一个空的容器，其中还没有任何源程序文件。此时，需要做的是创建新的源程序文件，这可通过两种方式完成：第一种方法是，选择主菜单中"项目"下面的"添加新项"；第二种方法是，在图1-15中左边窗格的解决方案管理器中的"aa"|"源文件"上面右击，在弹出的菜单中选择"添加"|"新建项"。这时，将显示如图1-16所示的"添加新项"对话框。

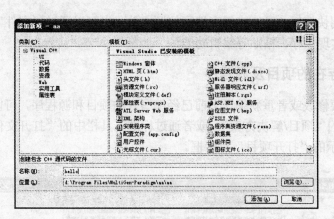

图1-16 "添加新项"对话框

(2) 在"添加新项"对话框中,在"类别"窗格中选择"代码"选项。在"模板"窗格中选择"C++文件"。在下方的窗格中输入新建的源文件名称,例如 hello。最后,单击"添加"按钮,系统将显示如图1-17所示的项目及源程序编辑窗口。

图1-17 项目及其源程序编辑界面

(3) 在如图1-17所示的项目及源程序编辑界面中,右边窗格是源文件的编辑窗口,在此窗口中输入用户所需要编写的C程序。例如,现在输入下面的C程序代码。

【例题1-1】 请编程输出一行指定文字。

```
1.   /*This is an example.源程序:hello.cpp*/
2.   #include <stdio.h>
3.   #include <stdlib.h>
4.
5.   int main( )
6.   {
7.       printf("Hello! World!\n");
8.       system("PAUSE");
9.       return 0;
10.  }
```

（4）用户可用快捷键 Ctrl-S 来保存编写的源文件，也可以通过"文件"或者"编辑"菜单中相应选项来实现保存、粘贴等编辑功能。

1.4.2　编辑已存在的项目及源程序

（1）如果需要修改或者重新编译之前已经编写好的项目和源程序，可以通过"文件"菜单下面的"打开"|"项目/解决方案"，或者通过标准工具栏中的"打开文件"按钮。这时将出现如图 1-18 所示的"打开项目"对话框。

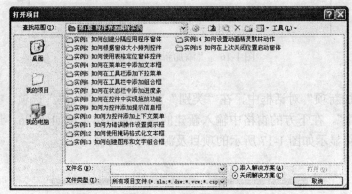

图 1-18　"打开项目"对话框

（2）用户可以在如图 1-18 所示的"打开项目"对话框中，选择之前保存项目的文件夹以及该项目的文件名，然后单击"打开"按钮即可。Visual C++中的项目文件夹的名称将与之前创建时给出的项目名称相同，该文件夹还将容纳所有构成该项目定义的文件。如果不加修改，则解决方案具有与项目文件夹相同的名称，而且包含项目文件夹和定义解决方案内容的文件。

用户在解决方案文件夹中可以看到该文件夹包含如下 3 个文件：
①扩展名为.sln 的文件，记录着关于解决方案中项目的信息。
②扩展名为.suo 的文件，记录着应用于解决方案的用户选项。
③扩展名为.ncb 的文件，记录着与解决方案的 Intellisense 有关的数据。Intellisense 是在编辑器窗口中输入代码时提供自动完成和提示功能的工具。

例如在"D:\Program Files\MultiGen-Paradigm\aa"文件夹中可以看到与之前创建的解决方案 aa 有关的 3 个文件：aa.sln、aa.suo 和 ss.ncb。

用户在项目文件夹中查看，可以看到最初有 6 个文件，其中名称为 ReadMe.txt 的文件包含该项目所有文件的内容摘要。在项目文件夹中可能存在一个文件是 ProjectName.vcproj.ComputerName.UserName.user，例如之前创建的 aa 项目文件夹中存在文件 aa.vcproj.LENOVO-DB8C1480.user.user，这个文件的作用是存储为该项目设定的选项。其中"LENOVO-DB8C1480"是作者使用的计算机名。

（3）如果希望在源代码编辑窗口中显示行号，请从主菜单上选择"工具"|"选项"，在"选项"对话框中左边窗格选择"文本编辑器"下面的"C/C++选项"|"常规"，在右边窗格中选择"行号"即可。

1.4.3 编译并构建解决方案

在 Visual C++中编写程序被称为"构建解决方案",可通过 F7 快捷键或者选择主菜单下的"生成"|"生成解决方案"。另外还可通过单击"生成"工具栏上的相应按钮。如果程序中有错误,则会在主界面下方的输出窗格中显示错误提示信息,例如图 1-17 所示的窗口中提示程序存在一个错误:错误信息是"error C2146: 语法错误: 缺少";"(在标识符"system"的前面)",用户可按照提示在

printf("Hello! World!\n")

这一行的最后面加上分号(;),然后重新选择生成解决方案,直到系统提示成功为止。

在成功创建了解决方案之后,用户可以在相应的项目文件夹中看到一个新的子文件夹 Debug,例如之前创建的项目 aa 中出现的新文件夹是:D:\Program Files\ MultiGen-Paradigm\ aa\ debug。在该文件夹中包含多个文件。这些文件的扩展名和用途分别是:

(1).exe 文件:这是程序的可执行文件,仅当编译和链接步骤都成功之后才能生成该文件。

(2).obj 文件:编译器根据程序源文件生成这些包含机器代码的目标文件,它们与库文件一起被链接器使用,最后生成.exe 文件。

(3).ilk 文件:该文件在重新构建项目时被链接器使用,它使链接器能够将根据修改的源代码生成的目标文件增量地链接到现有的.exe 文件,从而避免每次修改程序时都重新链接所有文件。

(4).pch 文件:这是预编译头文件。使用预编译头文件,大块无需修改的代码(尤其是那些 C++库提供的代码)可以被处理一次并存储在.pch 文件中。使用.pch 文件能够大大减少构建程序所需的时间。

(5).pdb 文件:该文件包含在调试模式中执行程序时要使用的调试信息。在调试模式中,可以动态检查程序执行过程中所生成的信息。

(6).idb 文件:包含重新构建解决方案时要使用的信息。

1.4.4 运行解决方案

在成功编译过解决方案之后,可以按下 Ctrl-F5 组合键来执行程序。也可以通过主菜单下的"调试"|"开始执行",或者单击标准工具栏中的"开始调试"按钮来执行程序。之后会看到如图 1-19 所示的程序运行窗口。

图 1-19 程序运行窗口

1.5 Visual C++ 2005 中的调试工具

故障是程序中的错误，而调试就是寻找并消除故障的过程。调试是编程过程中不可缺少的组成部分，它自始至终与编程相伴。在详细描述 Visual C++的调试工具之前，先来看看程序中故障的产生过程。

1.5.1 程序故障

程序故障的首要来源是编程人员和编程人员所犯的错误，这些错误从简单的错误（如敲错了键）到完全错误的算法逻辑都有可能。概括地讲，可能在代码中犯了以下两种导致程序故障的错误：

（1）语法错误：语法错误是指因形式错误的语句而引起的错误，比如少写了语句最后的分号，或者多写一个右花括号，等等。编译器能够识别所有语法错误，通常还会给出相当有益的关于错误的提示信息。这类错误相对较为容易改正。

（2）语义错误：在这种错误中，代码在语法上是正确的，但却无法实现用户本来想要实现的程序功能。编译器无法知道程序员想要程序达到什么目的，因此无法检测到程序的语义错误。正如同每个人生病多少出现一些症状一样，程序的语义错误往往会表现出某些错误的迹象，语言工具中的调试工具就是为了帮助程序员检测语义错误而设置的。当然，语义错误可能非常微妙且难以发现，比如程序偶尔才产生错误的结果或者偶尔才崩溃，这类错误可能最难发现。

1.5.2 调试器

从 1.5.3 节到 1.5.6 节将详细介绍 Visual C++2005 中调试器中的基本调试操作。调试器是一个程序，它控制着程序的执行过程：程序员可以一行一行地单步调试源程序，或者运行程序中特定的位置。在源代码中每个使得调试器停下来的位置，程序员可以在继续执行之前检查乃至修改变量的值。如果修改了源代码，必须重新编译并使程序从头开始执行。

为了说明 Visual C++2005 的基本调试功能，我们将使用调试器来调试配套教材第 2 章中例题 2-1 中的整数溢出程序。程序的代码是：

【例题 1-2】 整数溢出范例程序。

1.	/*整型数据溢出范例。源文件：LT2-1-1.C*/
2.	#include <stdio.h>
3.	#include <stdlib.h>
4.	
5.	int main(void)
6.	{
7.	short int a,b;
8.	
9.	a=32767;
10.	b=a+1;

```
11.
12.            printf("a=%d,b=%d\n",a,b);
13.
14.            system("PAUSE");
15.            return 0;
16. }/*main 函数结束*/
```

首先需要将该实例项目的编译配置设定为 Win32 Debug 而不是 Win32 Release。编译配置为程序的编译操作选择一组项目设定值，当我们选择主菜单上的"项目"|"属性"菜单项时可以看到这些设定。当前有效的编译配置显示在标准工具栏上一堆相邻的下拉列表中。程序员还可以通过主菜单上的"生成"|"管理配置器"菜单项来设置调试配置。标准工具栏如图 1-20 所示。

图 1-20　标准工具栏

调试工具栏如图 1-21 所示，其中"逐语句"和"逐过程"按钮代表着调试器的一种特定工作模式：单步调试代码，即每次执行一条语句，二者的区别是"逐语句"会跟踪到函数内部，对被调用的函数中的每条语句都采用单步调试方式；"逐过程"不会跟踪到函数内部，每次函数调用都把函数体内的所有代码当作一条语句一次执行。当然，无论哪种单步调试方式，执行一条语句之后，程序员都必须通过检查变量的值来判断这条语句是否出现错误，这可以通过 1.5.6 节中描述的方法来进行。

图 1-21　调试工具栏

对于大型程序而言，单步调试方式显然是不切实际的。相对于单步调试方式，断点模式是指执行到源代码中特定的位置（被称为断点）处暂停，所以，断点模式更节省时间，更为实用。下面重点介绍断点调试方式。

1.5.3　设置断点

断点是程序中使调试器自动暂停执行的位置。程序员可以设置多个断点，这样程序在运行过程中就可以在程序员选定的感兴趣的位置停止。程序员可以在执行到各个断点处查看程序中变量的值，一旦变量值不符合预订值时，就可以帮助判断程序代码中哪里出现了错误，并进行修改。

通常只需要检查可能有错误的特定区域，所以，通常应该在人为包含错误的位置设置断点，然后运行程序，使程序停止在第一个断点处。然后，如果愿意，程序员可以从该断点处开始单步执行。

把源程序的某行设置为断点或者取消断点的常用方法有两种：

（1）第一种方法是：选择主菜单上的"调试"|"切换断点"，就可以把当前行所在的代码设置为断点。

（2）第二种方法是：在该语句行号左边的灰色显示列单击即可。

某个代码行被设置为断点之后，在该代码行左边的灰色区域中将出现一个红色的圆圈符号，它被称为图示符，表明该行存在断点。我们可以通过右击图示符的方法来删除断点。如图 1-22 所示的编辑器窗格中，已经为之前的示例程序设置了一个断点。

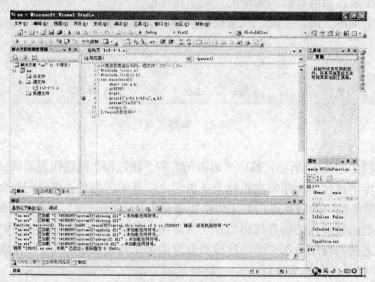

图 1-22 断点设置

更为高级的设置断点的方法是：

①使用 Alt-F9 组合键。

②选择主菜单上"调试"中的"窗口"|"断点"。

③选择调试工具栏上最右边的"断点"按钮。

采用上述三种方法中的任意一种，在主界面的下方将出现如图 1-23 所示的断点窗口。其中会显示所有已经设置的断点，而短线窗口中工具栏上的"新建"按钮可以帮助设置新的断点，而"列"按钮可以帮助设置要显示的断点信息，例如显示包含断点的源文件名或函数名。

1.5.4 设置跟踪点

跟踪点是一种特殊的断点，它具有与之相关联的自定义动作。创建跟踪点的方法是：右击希望设置为跟踪点的代码行，然后从弹出菜单中选择"断点"|"插入跟踪点"，这时将出现如图 1-24 所示的"命中断点时"对话框。在该对话框中可以设置跟踪点动作是"打印消息"或者运行某个宏，例如，可以在设置打印消息为：

$FUNCTION, The value of b is { b }

那么，当抵达该跟踪点时，上述设置产生的输出将显示在 Visual Studio 应用程序窗口中的输

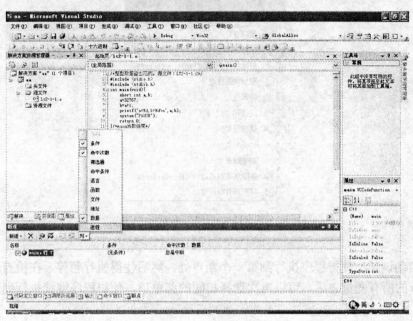

图 1-23 设置断点窗口

出窗格中。

当然，也可以在如图 1-24 所示的"命中断点时"对话框中设置程序执行到跟踪点上是暂停执行还是继续执行，红色类型符号表明某行那个源代码中存在不使执行停止的跟踪点。

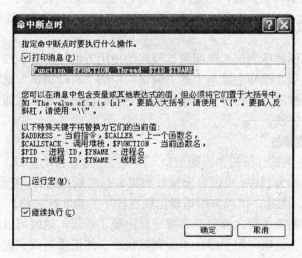

图 1-24 "命中断点时"对话框

1.5.5 启动调试模式

在如图 1-25 所示的调试菜单选项上，存在 4 种调试模式中启动应用程序的方式。

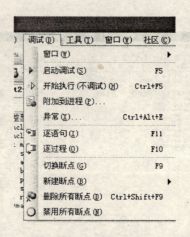

图 1-25 调试菜单

（1）启动调试：使得程序执行到第一个断点处，然后使得执行暂停。在检查过需要在该断点处检查的所有变量之后，可以再次选择相同的菜单项，使得程序继续执行到下一个断点处。

（2）附加到进程：允许程序员调试某个已经在运行中的程序（进程）。该选项将显示机器上正在运行的进程列表，程序员可以选择希望调试的进程。这个选项是提供给高级用户使用的，除非十分肯定地知道自己在做什么，否则不要使用此项调试关键的操作系统进程。因为这可能引起锁死机器或者引起其他问题。

（3）逐语句：一条一条语句地执行，并跟踪到函数代码块的内部。

（4）逐过程：逐条语句执行，但是对于可能调用函数的所有代码，都将一次性执行。

1.5.6 检查和修改变量的值

下面以之前的范例程序为例来说明调试模式的使用方法，如图 1-22 所示，将断点设置在程序的第 8 行处。然后，选择主菜单上的"调试"中的"启动调试"选项，程序将执行到第 8 行处暂停。此时，程序员需要检查程序中某些变量的取值，通常有通过自动窗口查看和在编辑器窗口查看两种方法。

1. 自动窗口查看变量值

图 1-26 显示的是调试过程的主界面窗口，其中左下方是自动窗口，显示有程序中变量的数值。从图 1-26 的自动窗口中，可以看出执行到第 8 行的断点处时，变量 b 的取值是-32768，而不是希望的 32768，因此，可以判断错误出现在程序的第 8 行之前。

如果此时无法判断第 8 行之前究竟是哪一行出现了错误，这时可以选择主菜单上的"调试"中的"停止调试"选项，用于终止本次调试状态。然后重新调试程序，选择"逐过程"的单步调试方式，逐条执行每条语句，很快就可以发现错误出现在第 7 行的代码行中。

自动窗口中共有 5 个选项卡，各选项卡需要显示的信息如下所示。

（1）自动窗口：显示当前语句及相关的前一条语句正在使用的自动变量。

（2）局部变量：显示当前函数中局部变量的值。通常，新变量随着程序的执行依次进入其作用域，然后在退出定义它们的代码块时再离开其作用域。在本例中，该窗口始终显示变量 a 和 b 的值。

图1-26 自动窗口查看变量值

（3）线程：允许程序员检查并控制高级语言程序中的线程。

（4）模块：列出当前执行的代码模块的细节。如果应用程序崩溃，通过比较发生崩溃时的地址与该选项卡上地址列的地址范围，程序员就可以确定崩溃发生在哪个模块中。

（5）监视1：程序员可以通过主菜单上的"调试"中的"快速监视"菜单项，把希望监视的变量或表达式添加到监视1选项卡上。程序员也可以通过单击该窗口中的某行，通过输入变量名的方法来实现添加监视对象。

注意，包含附加信息的任何变量，例如数组、指针或者类对象，自动窗口中其名称的左边都会出现一个加号。单击该加号，可以展开该变量的视图。

2. 编辑器窗口查看变量值

如果程序员需要查看单个变量的值，而且该变量在编辑器窗口是可见的，则最简单的查看该变量值的方法是：把光标停留在该变量上方一秒钟。弹出的工具提示将给出该变量的当前数值。

如果要查看的是表达式的值，则首先选中该表达式使得其醒目显示，然后把光标停留在该表达式上方一秒钟，此时弹出的工具提示同样会显示出该表达式的值。

3. 修改变量值

监视窗口允许程序员修改被监视的变量的值。程序员可以在显示出来的数值明显错误的情况下使用该功能，数值错误的原因可能是程序中存在故障，或者是所有代码都不合适。如果程序员设置"正确的"数值之后，则程序将继续向前执行，从而帮助程序员测试其他部分，并有可能找出一些其他错误。

在监视窗口修改变量的方法是：右击监视窗口中需要修改数值的变量值，在弹出菜单中选择"编辑值"，输入新值即可。然后就可以继续执行程序余下的代码，用来判断余下的代码行中是否存在错误。

第 2 章　在 Dev C++中编写 C 程序

本章将介绍 Dev C++的集成开发环境，以及在 Dev C++中编辑、编译和连接并执行 C 程序的方法。

2.1　Dev C++简介

Dev C++是一个 Windows 平台下的 C&C++开发工具，它是一款自由软件，遵守 GPL 协议。它集合了 gcc、MinGW32 等众多自由软件，并且可以从 devpak.org 上取得最新版本的各种工具支持，而这一切工作都是来自全球的狂热者所做的工作，并且你拥有对这一切工具自由使用的权利，包括取得源代码等，前提是你也必须遵守 GNU 协议。

严格地说，Dev C++并不是一个编译器，它使用 MingW32/gcc 等其他编译器，遵循 C/C++标准。Dev C++开发环境包括多页面窗口、工程编辑器以及调试器等，在工程编辑器中集合了编辑器、编译器、连接程序和执行程序，提供高亮度语法显示，以减少编辑错误，还有完善的调试功能，能够适合初学者与编程高手的不同需求，是学习 C 或 C++的首选开发工具！

AT&T 发布的第一个 Dev C++编译系统实际上是一个预编译器（前端编译器），真正的 Dev C++程序是在 1988 年诞生的。跟 Visual C++等其他集成开发环境相比，虽然 Dev C++存在某些不足，但仍然有相当明显的优势。除了它是免费的之外，Dev C++完全遵循 C99 标准，而且由于它使用了 MingW32/gcc 等其他编译器，使得跨平台移植相对方便。同时，Dev C++是一个非常实用的编程软件，多款著名软件均由它编写而成，它在 C 的基础上，增强了逻辑性。

实际上，目前的 Dev C++的应用并非如 Visual C++一样广泛，但它是目前信息学竞赛使用的 C 语言编译器（gcc）。关于专门学习 Dev C++的书籍基本没有，大部分信息学竞赛书籍都是《数据结构》与《算法》并没有明确指定使用的编译器，而在竞赛中 Dev C++被广泛应用(可以在 Linux 环境下使用)。Dev C++已被全国青少年信息学奥林匹克联赛设为 C++语言指定编译器。

2.2　Dev C++安装

2.2.1　Dev C++要求的系统配置

Dev C++对硬件和系统配置的最低要求是：
- 支持的操作系统：Microsoft Windows 95，98，NT 4，2000，XP。
- 内存：8 MB RAM with a big swapfile。
- 处理器：100 MHz Intel compatible CPU。

● 硬盘空间：至少 30 MB 空闲磁盘空间。

Dev C++推荐的系统配置是：

● 支持的操作系统：Microsoft Windows 2000，XP。
● 内存：32 MB RAM。
● 处理器：400 MHz Intel compatible CPU。
● 硬盘空间：200 MB 空闲磁盘空间。

2.2.2 安装 Dev C++

1. 安装 Dev C++组件

（1）从 Dev C++官方网站下载安装软件，下载地址是：http://prdownloads.sourceforge.net/dev-cpp/devcpp-4.9.9.2_setup.exe。

（2）单击下载的 Dev C++安装程序，系统显示如图 2-1 所示的 Dev C++安装程序界面，单击"确认"按钮，显示如图 2-2 所示的"Dev C++安装——语言选择"对话框。

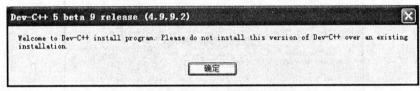

图 2-1　Dev C++安装程序界面

图 2-2　Dev C++安装——语言选择

（3）选择"English"，单击"OK"按钮，显示如图 2-3 所示的"接受用户协议"对话框。

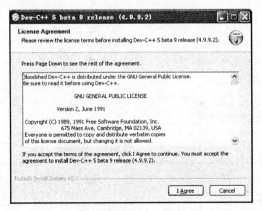

图 2-3　Dev C++安装——接受用户协议

(4) 单击 "I Agree" 按钮,显示如图 2-4 所示的 "选择组件" 对话框。

(5) 你可在如图 2-4 所示的对话框中选择希望安装的组件,安装程序默认为 FULL。单击 "Next" 按钮,系统显示如图 2-5 所示的 "选择安装目录" 对话框。

(6) 如图 2-5 所示的 "选择安装目录" 对话框的作用是确认安装目录,你可通过 "Browse" 按钮修改安装目录,然后单击 "Install" 按钮启动安装过程,系统显示如图 2-6 所示的 "Dev C++安装中……" 对话框。

(7) 在显示如图 2-6 所示的 "Dev C++安装中……" 对话框过程中,等待系统安装进程的进行,直到系统显示如图 2-7 所示的 "确认用户" 对话框。

(8) 在如图 2-7 所示的 "确认用户" 对话框中,如果希望机器上所有用户都可以使用 Dev C++,则单击 "是" 按钮;否则,单击 "否" 按钮。

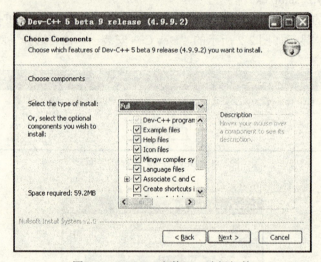

图 2-4 Dev C++安装——选择组件

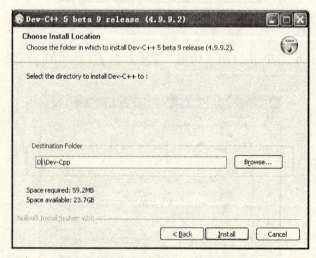

图 2-5 Dev C++安装——选择安装目录

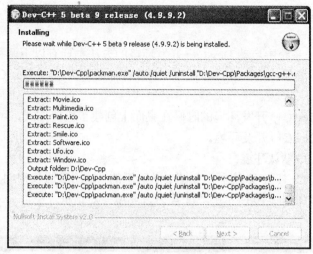

图 2-6 Dev C++安装中……

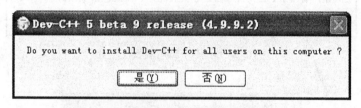

图 2-7 确认用户

（9）系统显示如图 2-8 所示的"Dev C++安装完成"对话框，表示安装过程结束，单击"Finish"按钮结束安装过程，首次启动 Dev C++，进入接下来描述的启动并配置 Dev C++默认环境。

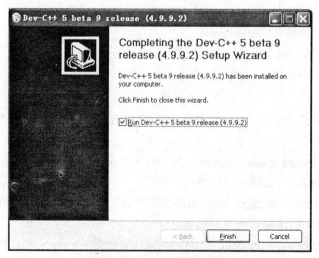

图 2-8 Dev C++安装完成

2. 启动并配置 Dev C++默认环境

（1）启动 Dev C++。

在 Windows 操作系统中启动 Dev C++开发环境的方法主要有以下两种：

①单击"开始"菜单，依次选择"程序"/ Bloodshed Dev C++/ Dev C++选项，便可启动 Dev C++。

②如果在安装 Dev C++开发环境的时候在桌面上创建了快捷方式，可直接双击该快捷方式图标，即可启动 Dev C++开发环境。

（2）配置 Dev C++默认环境。

①首次启动 Dev C++时，系统显示如图 2-9 所示的"试用版版权声明"对话框，单击"确定"按钮，系统显示如图 2-10 所示的"配置语言环境"对话框。

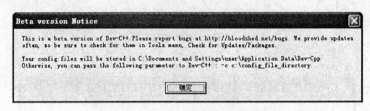

图 2-9　Dev C++试用版版权声明

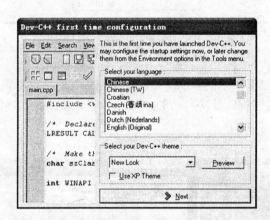

图 2-10　"配置语言环境"对话框

②选择"Chinese"，单击"Next"按钮，系统显示如图 2-11 所示的"配置类浏览器"对话框。

③选择"Yes，I want to use this feature"，单击"Next"按钮，系统显示如图 2-12 所示的"创建 the code completion cache"对话框。

④选择"Yes，create the cache now"，单击"Next"按钮，系统显示如图 2-13 所示的"the code completion cache 创建中……"对话框。

⑤在如图 2-13 所示的"the code completion cache 创建中……"对话框中，等待系统配置完成，直到出现如图 2-14 所示的"首次启动 Dev C++配置完成"对话框。

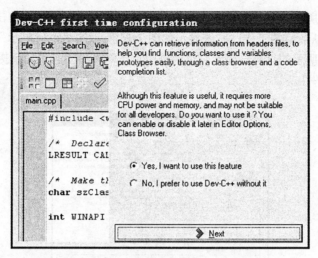

图 2-11 "配置类浏览器"对话框

图 2-12 "创建 the code completion cache"对话框

图 2-13 "the code completion cache 创建中……"对话框

⑥在如图 2-14 所示的"首次启动 Dev C++配置完成"对话框中,单击"OK"按钮,结束配置 Dev C++默认环境的工作,系统显示如图 2-15 所示的"每日提示"对话框。

⑦在如图 2-15 所示的"每日提示"对话框中,选择"启动时不显示提示",单击"关闭"按钮,显示 Dev C++主界面。

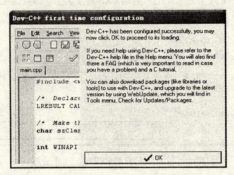

图 2-14　"首次启动 Dev C++配置完成"对话框

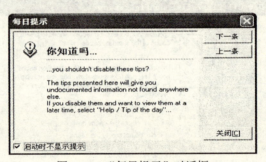

图 2-15　"每日提示"对话框

(3) 启动后修改 Dev C++默认环境。

①启动 Dev C++之后,用户可以修改之前配置好的默认配置。

②选择主菜单上的"工具"中的"环境选项"选项,显示如图 2-16 所示的"环境选项"

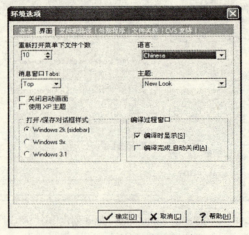

图 2-16　"环境选项"对话框

对话框。单击"界面"选项卡,在右上方的"语言"框下可选择系统默认语言,然后单击"确定"按钮即可。

③选择主菜单上的"工具"中的"编辑器选项"选项,系统显示如图2-17所示的"编辑器属性"对话框,该对话框中可以配置各种编辑器的特性。例如,单击"浏览类"选项卡,即可配置是否"允许类浏览器"。

④在如图2-17所示的"编辑器属性"对话框中,单击"显示"选项卡,即可配置是否"显示行号"。

⑤在如图2-17所示的"编辑器属性"对话框中,单击"基本"选项卡,即可配置是否"自动缩进"等基本特性。

图 2-17 "编辑器属性"对话框

2.3 使用 Dev C++编写 C 程序

Dev C++的集成开发环境 IDE 的基本部件同样包括编辑器、编译器、连接器和库。需要说明的是,Visual C++的项目文件在 Dev C++中被称为"工程文件",扩展名为.dev。

2.3.1 启动进入 Dev C++

启动 Dev C++,显示如图 2-18 所示的 Dev C++主界面。

Dev C++的 IDE 界面包括 5 个部分:菜单栏;工具栏;工程管理区;主编辑区;信息输出栏。

其中,主编辑区是编辑源代码的区域。信息输出区是显示编译和连接信息的区域。

工程管理区包含工程管理、查看类和调试 3 个选项卡,工程管理显示正在处理的工程文件及其源文件列表;调试区域是查看变量值的显示区域。

Dev C++工具栏可以配置当前显示的工具栏类别,用户可在工具栏上右击,在弹出的工具栏菜单上选择需要显示的工具栏类别。

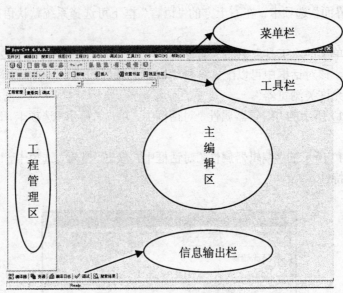

图 2-18 Dev C++主界面

2.3.2 创建新的工程及源程序

在 Dev C++中编写一个新的 C 程序有两种方法：其一是创建新的工程文件；其二是直接创建新的源代码文件。

1. 创建新的工程文件

如前所述，Visual C++中的项目包含一个项目文件夹，该项目所有文件都存储在该项目文件夹中。与其不同的是，Dev C++中的工程（等同于 Visual C++中的项目）是一个扩展名为.dev 的文件，编译连接成功后，系统筛除一个同名的.exe 可执行文件，这就等同于 Visual C++中的解决方案。应当注意，Dev C++系统不会自动创建该工程的文件夹，因此程序员在创建新的工程文件时应该同时创建该工程的文件夹，以确保该工程所有文件都存储在同一个文件夹中，便于管理。

（1）在 Dev C++中创建新的 C 工程文件可以通过两种方法来实现：其一，单击主菜单中"文件"下面的"新建"/"工程"选项；其二，单击主工具条中的"工程"工具按钮。无论是上面的哪种方式，都将弹出如图 2-19 所示的"新工程"对话框。

图 2-19 Dev C++"新工程"对话框

（2）在如图 2-19 所示的"新工程"对话框中，选择"Basic"下面的"Console Application"模板，在名称下输入新建工程文件的名称（例如工程 2），并在右下方选择"C 工程"，然后单击"确定"按钮，系统显示如图 2-20 所示的"保存文件"对话框。

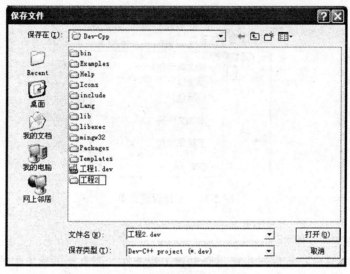

图 2-20 "保存文件"对话框

（3）在如图 2-20 所示的"保存文件"对话框中，为了便于管理工程的所有文件，单击右上方的"新建文件夹"按钮，创建与工程文件同名的文件夹（例如工程 2），并将工程文件保存在该文件夹中。

（4）系统显示如图 2-21 所示的工程 2 的主界面，这时你可看到主界面左边的"工程管理"窗格中显示有工程 2 的名称，而且系统已经创建了一个源程序文件 main.c。你可在右边的主编辑区内输入程序的代码，然后通过 Ctrl-S 组合键或者主菜单上的"文件"下的"保存"选项来保存 main.c 的内容。

图 2-21 工程文件的主界面

（5）在如图 2-21 所示的工程 2 主界面上，右击左边窗格上工程管理区域中的工程 2，将显示如图 2-22 所示的弹出式菜单。其中，"新建单元"用于在工程中创建新的源程序文件；"添加"可用来把已经编辑好的源程序文件添加到该工程中；"移出"可把当前源程序文件从本工程中删除；"工程属性"可以用来查看该工程的所有属性信息。

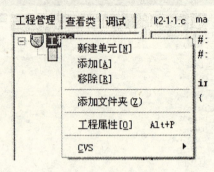

图 2-22　工程管理菜单

2. 创建新的源程序文件

在 Dev C++中编写 C 程序，也可不必创建工程文件，而直接创建单独的源程序文件。

（1）单击主工具条上的"源代码"工具按钮，或者通过选择主菜单上的"文件"中的"新建"|"源代码"，系统创建一个未命名的源代码文件（默认文件名称未命名+序号），如图 2-23 所示，在右边的主编辑区内你可输入该程序的代码。

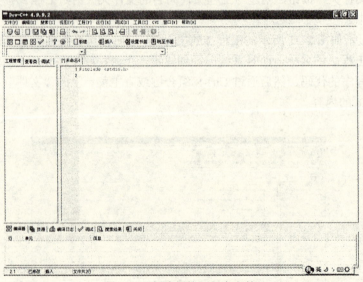

图 2-23　创建新的源程序文件

（2）使用 Ctrl-S 组合键，或者选择主菜单上的"文件"下的"保存"选项，将弹出如图 2-24 所示的"保存文件"对话框。选择保存类型为.c，然后给新建的源程序文件输入一个名称，单击"保存"按钮即可。

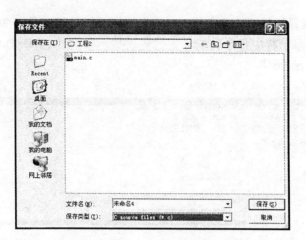

图 2-24 "保存文件"对话框

2.3.3 编辑已存在的工程及源程序

如果需要修改或者重新编译之前已经编写好的工程和源程序文件,可通过主工具条上的"打开工程或文件"工具按钮,或者选择主菜单上的"文件"中的"打开工程或文件"选项,系统将显示如图 2-25 所示的"打开工程或文件"对话框。选择需要打开的工程文件或者源代码文件,单击"打开"按钮即可。

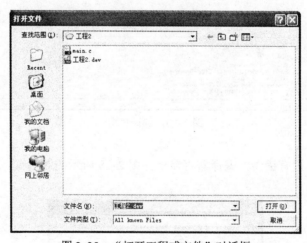

图 2-25 "打开工程或文件"对话框

2.3.4 编译和连接

在 Dev C++中编译工程文件或者源程序文件有 3 种方法,它们分别是:
(1) 通过 Ctrl-F9 组合键。
(2) 选择主菜单上的"运行"中的"编译"选项。
(3) 单击编译运行工具条上的"编译"工具按钮。
例如,编译之前的例题 1-2 中的程序。此时,我们有意删除了第 12 行 printf()语句最后的分号，然后单击编译运行工具条中的"编译"按钮，将显示如图 2-26 所示的界面。在图 2-26 下方的输出信息窗格中显示有编译器的错误提示信息 "14 D:\Dev-Cpp\工程 2\main.c syntax error before "system""。

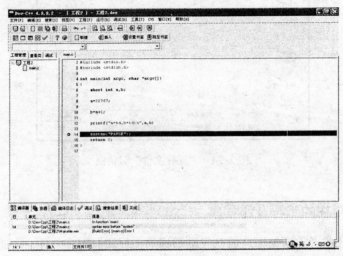

图 2-26 编译器的错误提示信息

单击输出信息窗格中"编译日志"选项卡（见图 2-27），程序员也可看到编译器的错误提示信息。

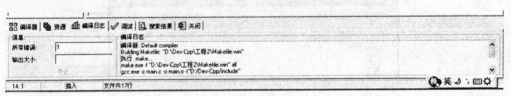

图 2-27 编译日志

如果程序正确，没有错误，编译器将显示如图 2-28 所示的对话框。

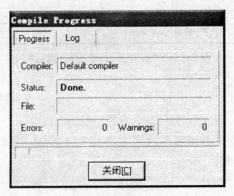

图 2-28 编译成功界面

2.3.5 运行程序

排除了程序中存在的词法、语法等错误后，编译成功。此时在源文件所在目录下将会出现一个同名的.exe可执行文件。运行该程序有如下几种方法：

(1) Ctrl-F10 组合键。
(2) 选择主菜单上的"运行"中的"运行"或者"编译运行"选项。
(3) 单击编译运行工具栏中的"运行"工具按钮。
(4) 双击源文件所在目录下同名的.exe可执行文件。

2.4 Dev C++中调试工具

Dev C++中的调试器同样通过单步和断点的调试模式。可通过选择主菜单上的"调试"中的"调试"选项进入Dev C++调试模式。

2.4.1 设置与调试有关的选项

与Visual C++等其他C/C++集成开发环境相比，Dev C++的调试器较为简单，其设置甚至可以说存在一些小的瑕疵。如果启动Dev C++的调试器之后，系统提示如图2-29所示的界面，而始终无法正确进入调试模式，这时你需要进行调试器配置。

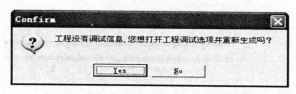

图2-29 工程没有调试信息的确认对话框

选择主菜单上的"工具"中的"编译选项"（compiler option），系统显示"编译器选项"对话框，在该对话框中可进行Dev C++的调试器配置。需要配置的信息包括：

(1) 单击"代码生成/优化"选项卡，单击左边窗格的"连接器"之后，然后在右边窗格中设置"产生调试信息"为yes。
(2) 在"编译器"选项卡中，选中"在编译时加入以下命令"，并在下面的编辑框里输入命令：-g3。
(3) 在"编译器"选项卡中，选中"在连接器命令行加入以下命令"，并在下面的编辑框里输入命令：-g3。
(4) 转到"程序"选项卡，把gcc行修改为：gcc.exe -D__DEBUG__。
(5) 转到"程序"选项卡，把g++行修改为：g++.exe -D__DEBUG__。
(6) 单击"确定"按钮。

2.4.2 调试工具

1. 设置/取消断点

Dev C++中设置/取消断点有3种方法：

（1）在主编辑区左边的灰色列中，单击需要设置/取消断点的代码行。如果该行被设置为断点，则该灰色区域将显示一个红色的圆圈。

（2）右击相应代码行，在弹出的菜单中选择"切换断点"。

（3）选择主菜单上的"调试"中的"切换断点"。

2. 启动调试模式

设置好断点之后，使用快捷键 F8，或者单击主界面下方的"调试"窗格中的"调试"按钮，或者选择主菜单上的"调试"中的"调试"选项，Dev C++将会进入调试模式。程序会执行到第一个断点处暂停。

例如，如图 2-30 所示的程序中共设置了两个断点行，启动调试模式之后，程序运行到第一个断点行处暂停。此时，可以查看变量的值。

如果希望继续调试余下的代码，可以选择上述相同的方式继续运行到下一个断点处暂停，或者选择进入单步调试模式。进入单步调试模式的方法是：使用快捷键 F7，或者单击主界面下方的"调试"窗格中的"下一步"或者"单步进入"按钮，或者选择主菜单上的"调试"中的"下一步"，或者"单步进入"选项。

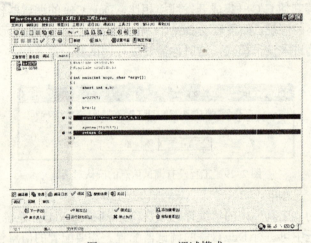

图 2-30　Dev C++调试模式

3. 查看变量的值

程序会执行到断点处暂停时，程序员可以查看变量值，以便检查程序错误。查看变量的值可以通过下列方法中任意一种操作来实现：

（1）使用快捷键 F7，输入需要检查的变量名。

（2）单击主界面下方的"调试"窗格中的"添加查看"按钮，输入需要检查的变量名。

（3）选择主菜单上的"调试"中的"添加查看"选项，输入需要检查的变量名。

被查看的变量值显示在主界面左边的工程管理区域的"调试"选项卡中。

第3章　Turbo C 2.0 编译系统

本章将介绍 Turbo C 集成开发环境，以及在 Turbo C 中编辑、编译和连接并执行 C 程序的方法。

3.1　Turbo C 2.0/3.0 简介

Turbo C 是美国 Borland 公司为 PC 系列微型计算机研制的 C 程序开发软件。它具有方便、直观、易用的界面和丰富的库函数。Turbo C 向用户提供了一个集成环境，把程序的编辑、编译、连接和运行等操作全部集中在一个界面上进行，使用十分方便。这种功能既方便用户使用，又使文件编译时间大大缩短，提高了软件生成、调试和检测的速度，从 20 世纪 80 年代以来，它成为微型计算机上最流行的 C 语言编译器之一。

Turbo C2.0 版本是纯粹的 C 编译环境，Turbo 系列的后续版本增加了功能，后来还扩充为 C/C++语言环境，例如 Turbo C3.0 就支持 C++编译环境。Turbo 系列以及 Borland C/C++系统的基本使用方式都与 Turbo C 2.0 系统很类似。

Turbo C2.0 的一个主要缺点是不支持鼠标操作，也不能同时编辑多个文件。与之前的两个集成开发环境不同的是，Turbo C 是运行在 DOS 环境下的软件，而 Visual Studio 和 Dev C++ 都是运行在 Windows 平台下的。

3.2　Turbo C 2.0 安装

3.2.1　Turbo C 2.0 要求的系统配置

Turbo C 对系统资源的要求很低，它仅占用 384KB 的内存，而对硬盘空间的要求只需要不到 3MB。对显示器无特别要求，也不要求有鼠标器。正因为如此，Turbo C 得到了广泛的应用。

3.2.2　安装 Turbo C 2.0

Turbo C 的安装过程非常简单，如果你获得的是 Turbo C 的安装包，那么只需运行安装程序 install.exe 即可。在安装过程中，需要按照系统显示的提示信息指定安装目录。

由于 Turbo C 是运行在 DOS 环境下的软件，所以不需要在 Windows 平台注册，可以直接把 Turbo C 2.0 的压缩包解压，或者直接从其他机器上复制整个 Turbo C 文件夹到目标地点。

3.3 Turbo C 2.0 主界面简介

为了方便说明，假设 Turbo C 安装在"d:\tc"目录中。由于 Turbo C2.0 不支持鼠标器，所以所有操作都需要通过键盘来完成。

3.3.1 启动进入 Turbo C2.0

双击 Turbo C 工作目录（d:\tc）下的 TC.exe 文件，等待数秒后，启动进入 TC 开发环境。或者在桌面中点击"开始"，在"运行"选项中，指定运行程序"d:\tc\tc.exe"，亦可启动进入 TC 开发环境。

在 Windows 平台下，TC.exe 有两种工作方式：全屏幕模式、窗口模式。两者的切换方法是：在 Windows 平台中右击 d:\tc 目录中的 TC.exe 文件，选择右键菜单中的"属性"选项；在显示的"属性"对话框中选择"屏幕"选项卡；选择"全屏幕"或者"窗口"模式。

如图 3-1 所示就是 Turbo C2.0 的主界面。中间区域是编辑区，上方是菜单栏，编辑区的下方是信息提示区，最下面的状态栏中是快捷键提示区。启动进入 Turbo C 系统后，系统会自动创建/打开 NONAME.C 源程序文件。

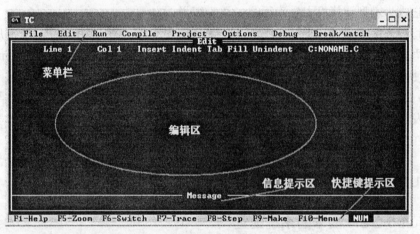

图 3-1　Turbo C2.0 主界面

3.3.2 菜单栏

Turbo C2.0 包含 8 个一级菜单项：File、Edit、Run、Compile、Project、Options、Debug、Break/watch。其中每个菜单项都包含自己的二级菜单，而菜单名称的第一个字母是启动该菜单的热键之一，在主菜单的每个菜单项下（除了 Edit 项之外）都有二级子菜单。

需要执行某个菜单项时，有两种方法：其一，通过快捷键 F10，菜单栏中相应菜单项呈现醒目的高亮度显示，然后通过光标左右移动键选择不同的一级菜单，通过光标下移键或者回车键显示二级菜单。第二种方法是，通过快捷键"Alt+菜单项第一个字母"，显示二级菜单。例如，组合键 Alt-F 表示调用 File 菜单。

下面是这些菜单的简单说明。

（1）**File** 子菜单：包含转入源文件（Load）、转入 Pick 表中的文件（Pick）、创建并编辑新文件（new）、保存（save）、另存为（write to）、查看当前目录中的文件（directory）、更改当前目录（change dir）、返回 DOS 界面（os shell）、退出 Turbo C 环境（quit）等命令。

（2）**Edit** 子菜单：Edit 没有下拉式二级菜单，而是使系统转到编辑状态，读者可通过 TC 的帮助（热键：F1 键）查看 Edit 状态下的各种快捷键的功能。

（3）**Run** 子菜单：包括运行当前程序（Run，热键 Ctrl-F9；若源程序修改过，系统将重新编译之后再运行）、终止调试状态（program reset）、运行到光标处（go to cursor）、逐语句（step into）、逐过程（step over）、User Screen（切换到程序输出窗口，热键 Alt-F5）。

（4）**Compile** 子菜单：用于对源程序进行编译加工处理。包括以下命令：编译当前文件（compile to OBJ，编译并生成目标代码文件）、生成可执行文件（make EXE file）、连接并生成可执行程序（link EXE file，用于连接 .OBJ 文件和系统库，生成 .EXE 文件）、用于查看当前文件的有关信息（get info）、无条件重新编辑和连接（build all）。

（5）**Project** 子菜单：用于管理以项目方式（或称工程文件方式）开发的包含多个源程序文件的大型程序。包括以下命令：输入要处理的项目文件名（project name）、规定终止 Make 的缺省条件（break make on）、设置自动依赖关系（auto dependencies）、清除项目文件名信息（clear project）、清除消息窗口中的错误信息（remove message）。

（6）**Options** 子菜单：用于设置和修改与系统工作方式有关的各种参数，它有许多子菜单，分为若干层。初学者对许多选择的意义不清楚，最好不要随便改动系统的原有设置。如果无意中改变了某些设置，只要不执行"save options"命令项，系统退出后再启动，工作方式不会改变。包括以下命令：编译器选项（compiler）、连接器选项（linker）、环境选项（environment）、目录选项（directories）、参数设置（arguments）、保存选项信息（save options）、恢复选项信息（retrieve options）。

（7）**Debug** 子菜单：用于程序调试。包括以下命令：计算表达式的值（evluate，计算表达式的值，并赋给表达式新的值。等价于 1.5.6 节中描述的修改变量值的功能）、显示调用栈信息（Call stack，显示程序正在运行的函数调用序列）、查找函数（find function）、恢复当前屏幕内容（refresh display）、控制编辑窗口和程序输出窗口的转换关系（display swapping）、控制是否在可执行文件中加入调试信息（source debugging）。

（8）**Break/Watch** 子菜单：用于程序调试。包括以下命令：添加监视（add watch）、删除监视（delete watch）、编辑监视（edit watch）、移除所有监视（remove all watches）、切换断点（toggle breakpoints）、删除所有断点（clear all breakpoints）、下一个断点（view next breakpoint）。

3.3.3 编辑区

编辑区是编写源代码的区域，可以在这个区域键入代码、修改代码错误等。

3.3.4 信息提示区

信息提示区用于显示程序加工中发现各种错误提示信息，在出现错误时系统将自动进入消息窗口状态，窗口里显示出一些错误信息行。用光标移动键可以将消息窗口中的亮条移动到任意一个消息行，与此同时，系统将自动对该消息在编辑窗口的源程序中定位，把编辑窗口中的亮条和光标移到产生这个消息的位置，即编译程序时发现程序错误的地方。

3.3.5 快捷提示区

窗口的最下面的状态栏显示有快捷键提示信息，包括以下信息：
F1　帮助信息　　　　　　　F5　扩大/缩小编辑窗口
F6　活动窗口转换　　　　　F7　跟踪执行
F8　单步执行　　　　　　　F9　生成可执行代码
F10　激活命令菜单

按下 Alt 键几秒钟，在快捷提示区提示另一组快捷键，包括有以下信息：
F1　前面最后一次的帮助信息　F3　显示用过的文件，重新加载
F6　活动窗口切换　　　　　F7　前一个错误的位置
F8　下一个错误的位置　　　F9　编译当前文件

第二组快捷键提示信息表示"Alt + 提示的相应快捷键"组成组合键，例如 Alt-F9 组合键表示编译当前文件。

3.3.6 退出 Turbo C

使用快捷键 Alt-X，或者选择 File 菜单中的 Quit 菜单项，就可以退出 Turbo C2.0 系统。

3.3.7 Turbo C 的工作准备

启动 Turbo C2.0 之后，通常就可以使用该开发环境。但为了确保系统正常使用，请单击 Options 菜单中的 directories 选项，检查如下选项：

（1）Include directories 目录设置：确认该目录设置的是.h 的系统头文件所在目录，例如 TC 工作目录是"d:\tc"，则 Include directories 的正确设置是"d:\tc\include"。

（2）Library directories 目录设置：确认该目录设置的是.lib 的系统库文件所在目录，例如 TC 工作目录是"d:\tc"，则 Library directories 的正确设置是"d:\tc\lib"。

（3）Turbo C directory 目录设置：确认该目录设置的是 TC 的工作目录，按照前面的假设，正确设置应该是"d:\tc"。

通常不再需要修改其他设置信息。如果用户愿意，建议修改 Environment 子菜单中 Tab 项，将原设置值 8 改为 4，它的含义是将键盘上的 Tab 从横向跳格 8 个字符修改为 4 个字符，这样在编辑程序时看起来舒服一些，也避免了几次退格就使程序正文超出屏幕范围的缺憾。

需要提醒的是，修改上述设置用 Esc 键退回后，必须执行"Options"菜单中的"Save Options"项保存上述配置信息，以避免退出 Turbo C 之后修改的配置信息失效。

3.4 使用 Turbo C 2.0 编写 C 程序

3.4.1 创建新的源程序

如果需要创建并编辑一个新的 C 源程序文件，就应该激活 File 菜单（通过组合键 Alt-F，或者用 F10），系统会显示如图 3-2 所示的 File 菜单。将光标移动到子菜单项 New 上，按回车键，这时编辑区窗口就被清空，光标定位在编辑区窗口中左上角（第 1 行、第 1 列）。系统自动创建一个名称为"NONAME.C"的文件。

用户输入和编辑源程序代码。编辑区窗口的上方除了显示行号和列号之外，还显示有一

些状态信息。其中，显示 Insert 表示编辑区处于"插入状态"，此时键入的字符会插入到当前光标处；按下键盘上的 Insert 键之后，Insert 消失，表示编辑区处于"覆盖状态"，此后键入的字符将覆盖当前光标处的字符；如此按 Insert，可反复切换。

Del 键可删除当前光标所在的字符，Ctrl-Y 组合键可删除光标所在的一行，Ctrl-N 组合键可插入一行。

编辑好源程序文件后，应及时保存文件（快捷键 F2）。如果没有指定存储目录，那么当前文件被保存在当前目录下，用户可通过 File 下面的 Diretory 查看当前目录，也可通过 File 下面的 Change dir 修改当前目录。

图 3-2　File 菜单

3.4.2　编辑已存在的源程序

如果希望编辑已经编写好的源程序文件，可以使用 File 下面的 Load 子菜单项，或者用热键 F3。系统会弹出一个标题为"Load File Name"的对话框，要求用户输入准备打开的文件名。这时，用户可以有如下两种操作方法：

（1）直接输入文件名，例如"D:\TC\LT2-1-1.C"，表示打开 d 盘 tc 文件夹中的文件"LT2-1-1.C"；如果文件不存在，屏幕显示一片空白，表示文件不存在，系统创建新文件，用户可输入新文件的内容。

（2）"Load File Name"对话框中默认显示通配符"*.C"，用户直接按回车键，表示显示当前目录中所有扩展名为.C 的源程序文件。用户可在这些文件中选择一个代开编辑。当然，你也可以修改"Load File Name"对话框中的通配符，例如修改为"*.TXT"，表示列出所有扩展名为.TXT 的文件名；或者修改为通配符"*.*"，表示当前目录中所有文件名。

3.4.3　编译和连接

编辑好源程序文件后，应当先编译、连接，然后运行。

1. 编译连接单文件程序

（1）编译。编译当前正在编辑的单个源程序文件的方法非常简单，可以使用热键 F9，或者使用 Compile 菜单中的 Compile to OBJ 子菜单项。如果程序中存在错误，编译器将会在信息提示区中显示错误提示信息，用户可根据这些信息修改程序，然后重新编译连接程序，直到系统提示如图 3-3 所示的"编译成功"对话框为止。

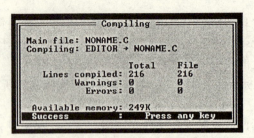

图 3-3 "编译成功"对话框

（2）连接。程序编译好之后，将生成与源文件同名的.OBJ 目标文件，这时程序还不能直接运行，还需要把目标文件和系统提供的库函数、包含文件一起连接成一个可执行文件（扩展名为.exe）。

通过 Compile 菜单中的 Link EXE file 子菜单项，就可以执行连接操作，如果连接过程成功，系统会显示一个与图 3-3 类似的标题为"Linking"的对话框。如果程序中存在错误，导致连接失败，系统会在信息提示区显示相应的连接错误提示信息。

（3）一次性编译和连接。通过 Compile 菜单中的 Make EXE file 子菜单项，可以一次性完成编译和连接操作。

2. 编译连接项目文件（多文件程序）

（1）编辑源程序文件。

如果希望用多个源程序文件构成一个完整的 C 程序，则应当事先分别编辑各个源程序文件（扩展名.C），并分别编译生成.OBJ 目标文件。

（2）编辑项目文件。

接下来要做的是，编辑项目文件（扩展名.PRJ），该项目文件的内容是组成该项目文件的源程序文件名。例如 a.prj，该项目文件由 file1.C 和 file2.C 组成，那么 a.prj 的内容是：

file1.C

file2.C

（3）编译连接项目文件。

在编译连接项目文件之前，需要先通知系统下面要编译的不是.C 的文件，而是项目文件。用户通过 Project 菜单中的 Project name 子菜单项，可输入需要编译连接的项目文件名称，例如 a.prj。

然后，使用 Compile 菜单中的 Make EXE file 子菜单项，即可编译连接项目文件，生成同名的可执行文件，例如 a.exe。

项目文件编译完成之后，必须清除 Project 菜单中的 Project name 子菜单项里面设置的项目文件名称，否则，系统接下来仍然要编译，连接的仍然是相应的项目文件，而不是当前编辑区内的源程序文件（.C 文件）。

3.4.4 运行程序

编译连接程序操作完成之后，系统已经生成可执行程序。这时可以运行该程序，并进行调试。用户可以用 Ctrl-F9 组合键，或者 Run 中的 Run 命令，发出运行命令，在程序运行中和运行后检查其表现是否正常。

之前的图示的蓝色界面是 Turbo C 的工作界面，而不是程序输出界面，程序的运行结果显示在 DOS 界面上。用户可以用 Alt-F5 功能键，或者用 Run 菜单中的 User screen 子菜单项，切换到用户屏幕，检查程序输出。

如果程序运行中发生运行错误，或者输出结果不正确，则需要进一步检查源程序代码，找出并排除错误，直到得到正确的程序为止。下面要介绍的集成开发环境调试功能可以帮助查找在程序运行中出现的错误。

3.5　Turbo C 2.0 中调试工具

Turbo C 同样通过单步和断点两种调试模式来调试程序。

3.5.1　断点调试模式

设置断点的方法是：将光标移到需要设置为断点的某一行上，按 Ctrl-F8 组合键，或者用 Break/watch 菜单中的 Toggle breakpoint 子菜单项，该行会以红色颜色调覆盖，表示该行已经被设置为断点。用系统的操作方法，可以取消该行的断点设置。

用 Run 菜单中 Run 子菜单项，系统会运行到第一个断点行处暂停。或者用 Run 菜单中的 Go to cursor 子菜单项，系统会运行到当前光标处暂停。这时，用户可以一边查看变量值一边检查程序中的错误。

3.5.2　单步调试模式

如果希望用单步调试模式来调试程序，可以用以下两种方式：

逐语句或称跟踪模式（Run 菜单中的 Trace into 子菜单项，热键 F7）：使用该功能可以一步一步地执行程序，相当于在程序的每一行都设置一个断点。

逐过程或称步进（Run 菜单中的 Step over 子菜单项，热键 F8）：该功能和跟踪功能类似，只是在对函数调用的处理方法上有所不同。在跟踪时，如果遇到函数调用，则转到该函数的源代码中继续跟踪，而步进则不转入被调用的函数，直接执行到函数调用的下一行处。

3.5.3　查看并修改变量值

使用 Ctrl-F4 组合键，或者 Debug 菜单中的 Evaluate 子菜单项，可以调用查看并修改变量值的功能。该项功能用于在程序运行到断点处时查看变量或其他表达式的值。对于变量来说，还可以改变其取值，以便于下一步跟踪调试。

在调用本功能时，屏幕上弹出一个窗口，窗口分为三栏：最上面是设置（evaluate）栏，用于输入要观察的变量名或表达式；中间是结果（result）栏，用于显示要观察的变量或表达式的值；而最下方是修改（new value）栏，用于修改变量的值。在查看或修改完毕时可以使用退出键（Esc）返回编辑状态。

例如，如图 3-4 所示，我们调试之前描述过的整数溢出范例，并在 printf( );处设置断点，按 Ctrl-F9，程序运行到这一句后暂停。按 Ctrl-F4，可查看变量 b 的内容。

3.5.4　设置监视窗口

使用 Ctrl-F7 组合键，或者 Break/watch 菜单中的 Add watch 子菜单项，可以在监视窗口中添加需要查看取值的变量名。使用该项功能可以将变量或表达式设置为监视对象，这些监视对象的值在调试过程中会在屏幕下方的信息显示区窗口中显示出来。

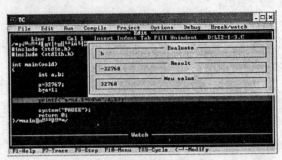

图 3-4 查看并修改变量值

该功能类似于上面介绍的"变量查看与修改（Evaluate）"功能，其更直观、更方便，唯一不同的是不能修改变量的值。

Break/watch 菜单中的 Delete watch、Edit watch、Remove all watch 子菜单项可以删除、编辑和移出监视窗口的变量名。

3.5.5 终止调试模式

使用 Ctrl-F2 组合键，或者 Run 菜单中的 Progam reset 子菜单项，可以重置程序，中断当前的调试状态，重新回到程序编辑状态。

第4章　在 Unix/Linux 中编写 C 程序

4.1 Unix/Linux 简介

Unix 操作系统由 Ken Thompson、Dennis Ritchie 和 Douglas McIlroy 于 1969-1970 年在 AT&T 的贝尔实验室开发，它是一个多用户、多任务的分时操作系统，支持多种处理器架构。Unix 问世以来十分流行，它运行在从高档微机到大型机各种具有不同处理能力的机器上。近年来，几乎所有的 16 位机、32 位微型计算机都竞相移植 Unix。这种情况在操作系统发展的历史上是极为罕见的。随着 Unix 的普及，书写系统的 C 语言也成为引人注目的语言，得到广泛使用。

Unix 目前已成长为主流的操作系统技术之一。由于 Unix 具有技术成熟、可靠性高、网络和数据库功能强、伸缩性突出和开放性好等特色，可满足各行各业的实际需要，特别能满足企业重要业务的需要，故而成为主要的工作站平台和重要的企业操作平台。

Unix 具有短小精悍、简易有效并具有易理解、易扩充、易移植性等特性。Unix 的核心程序由约 10000 行 C 语言代码和 1000 行汇编语言代码构成，被分成能独立编译和汇编的 44 个文件，每个文件又分为若干过程。

Linux 是一套可免费使用和自由传播的类 Unix 操作系统，它主要用于基于 Intel x86 系列 CPU 的计算机上。Linux 是由全世界各地成千上万的程序员设计和实现的，其目的是为了建立不受任何商品化软件版权制约的、全世界都能自由使用的 Unix 兼容产品。Linux 以高效性和灵活性著称。它能够在 PC 机上实现全部的 Unix 特性，具有多任务、多用户的能力。Linux 是在 GNU 公共许可权限下免费获得的，是一个符合 POSIX 标准的操作系统。Linux 操作系统软件包不仅包括完整的 Linux 操作系统，而且包括文本编辑器、高级语言编译器等应用软件。它还包括带有多个窗口管理器的 X-Windows 图形用户界面，如同 Windows 一样，允许使用窗口、图标和菜单对系统进行操作。

众所周知，C 是所有版本的 Unix 上的系统语言，Unix/Linux 操作系统中提供有专门的命令帮助程序员编译 C 程序，因此，就不用在这两个操作系统上再安装专业的 C 语言编译工具。

对于 C 语言的学习者来说，学会在 Unix/Linux 中编写 C 程序，是十分重要的一课。初学者可能会问，Unix 中的 C 程序和 Windows 平台下的 C 程序有哪些区别？其实，如果按照标准 C 来编写 C 程序的话，二者是没有什么不同的，但是如果需要调用一些系统的库函数或者 Windows API 的话，二者就不相同了。简单地说，系统提供的 API 函数库是不同的。对于 C 程序员来说，分清楚标准 C、Windows 的函数库、Unix/Linux 函数库，可以帮助你写出质量更高、可移植性更好的 C 代码。

4.2 cc 编译命令和 gcc 编译器

在 Unix 操作系统中，专门提供了 cc 命令来帮助系统工程师编译 C 语言。在 Linux 操作系统中也可以通过 C 语言来编写程序，如在 SUN 的 Linux 操作系统中，采用的是 gcc 命令。两者的用法是类似的。对于 Unix 系统工程师来说，熟悉这两个编译命令是必需的。

本节将介绍 cc 命令和 gcc 编译器的使用方法。

4.2.1 cc 编译命令

在 Unix 系统中，实现 C 源程序到可执行文件的这一转换过程的工具是 cc 命令，实际上 cc 只是一个前端，在它的后台运行着相应的程序完成预处理、编译、汇编（生成汇编程序代码）、优化和连接等一系列工作，当然，几乎所有这些细节对用户来说都是隐藏的。

cc 命令编译 C 源程序文件(以.c 扩展名结尾)时，可根据源程序文件内容的不同，产生不同的文件。在源程序文件中如果含有 main 函数，则其直接会生成可执行文件，以.out 扩展名结尾。如果没有 main 函数，则会生成目标文件，以.o 文件为扩展名。可执行文件可以直接运行；但是如果是目标文件的话，不能够直接运行。还需要把目标文件链接成可执行文件。对于这一点 Unix 系统工程师需要特别予以注意。如果为了节省后续的工作量，最好在编译时 main 函数代码已经完成。

cc 命令的一般使用形式是：

cc 【*argument*】 【*outfile*】 *sourcefile_list*

其中，【】括起来的部分是可选部分。-argument 是 cc 命令的参数部分，outfile 是编译连接生成的可执行文件名，默认可执行文件名为 a.out。sourcefile 是需要编译的源文件名，如果有多个源文件需要编译，应该因此列出源文件名，用空格间隔。

例如，以下命令

cc foobar.c

的作用是把源文件 foobar.编译连接，如果成功，将生成可执行文件 a.out。

下述命令

cc foo.c bar.c

的作用是编译源文件 foo.c 和 bar.c，如果成功将生成可执行文件 a.out。

cc 命令有很多参数选项，用户可通过帮助手册查找其使用方法，这里列出了一些最重要的选项。

- -o filename

表示指定 cc 命令产生的可执行文件名为 filename，例如

cc foobar.c

可执行文件是 a.out。而如果使用命令

cc -o foobar foobar.c

那么，生成的可执行文件将是 foobar，而不是 a.out。

- -c

-c 参数表示 cc 命令仅仅编译文件，不执行连接操作。如果程序员只想检查代码的语法正确与否的话，这个选项非常有用。例如

```
cc -c foobar.c
```
表示仅仅编译源文件 foobar.c。由于不执行连接操作，因此不会生成可执行文件，但是会产生一个不可执行的目标文件 foobar.o。这个文件可以和其他的目标文件连接在一起，构成一个可执行文件。

- -g

-g 表示产生一个可调试的可执行文件。这时，cc 编译器会在可执行文件中植入一些信息，这些信息能够把源文件中的行数和被调用的函数联系起来。这对程序员是非常有用的，当一步一步调试程序的时候，调试器能够使用这些信息来显示源代码。它的缺点就是被植入的信息会让程序变得更大。通常情况下，开发程序的时候程序员经常使用 -g，但是如果程序运行得令人满意，就不使用-g 编译。例如

```
cc -g foobar.c
```
表示编译源文件 foobar.c，产生可调试的可执行文件 a.out。

- -O

-O 表示产生一个优化版本的可执行文件。编译器会使用一些技巧产生出比普通编译产生的文件执行更快的可执行文件。优化通常只在编译一个 release 版本（发布版本，正式版本）的时候才被打开。例如

```
cc -O -o foobar foobar.c
```
表示编译连接源文件 foorbar.c，产生一个优化版本的可执行文件 foobar。

-O 后面可以紧跟一个数字，表示使用不同级别的优化方法。例如，-O 和-O1 指定 1 级优化；-O2 指定 2 级优化；-O3 指定 3 级优化；-O0 指定不优化。当出现多个优化时,以最后一个为准。

- -I

-I 可指定查找 include 文件的其他位置。例如，如果有些 include 文件位于比较特殊的地方，如/usr/local/include，就可以增加此选项，命令形式如下：

```
cc -c -I/usr/local/include -I/opt/include hello.c
```
此时目录搜索会按给出的次序进行。

- -E

这个选项允许修改命令行，以便编译程序把经过预处理的 C 文件发送到标准输出上，而不实际编译代码。这个选项在查看 C 预处理命令时（例如宏）时，是很有用的。编译的输出可以重新定向到一个文件，然后用编辑程序来分析。例如

```
cc -c -E hello.c >cpp.out
```
此命令使 include 文件和源程序文件 hello.c 被预处理，并重定向到文件 cpp.out。此后程序员可以用编辑程序或者分页命令分析这个文件，并确定结果预处理之后的 C 代码，帮助检查程序错误。

- -D

-D 参数允许从编译程序命令行定义宏名。假设 MACRO 是宏名，那么-D 一共有两种用法：第一种是用-DMACRO，相当于在程序中使用#define MACRO；另一种是用-DMACRO= A，相当于程序中的#define MACRO A。例如，对下面的代码

```
#ifdef DEBUG
    printf("debug message\n");
```

#endif

编译时加上-DDEBUG 参数，则执行程序时会打印出编译信息（printf 语句）。

- -P

在 cc 命令行中加上-P 选项可以使 cc 仅完成对.c 文件的预处理工作，而后面的编译、汇编、优化和连接工作都不进行，例如：

cc -P myprog.c

此时编译系统将在当前目录下生成一个名为 myprog.i 的文件。这个文件中包含有对 myprog.c 中的预处理命令进行处理后的代码及 myprog.c 中原有的代码。

- -S

在 cc 命令行中加上-S 选项，可以使 cc 只调用预处理程序和编译程序以生成与源程序相应的汇编代码。与每一个 C 源文件相应的汇编程序被放到相应的.S 文件中。例如：

cc -S myprog.c myfunc.c

在执行上述命令后，用户可在当前目录下看到一个汇编程序文件 myfunc.s。有些情况下程序员可能需要用汇编语言进行编程，这时可以先用 C 语言编写此程序，再编译得到汇编程序，然后手工对此汇编程序进行修改。由于用汇编语言进行编程效率比较低，用此方法可以获得比较高的效率。

- 与检查国际标准有关的参数：-Wall、-ansi、-pedantic

这三个参数会迫使 cc 检查源文件中的代码是否符合一些国际标准（例如，ANSI 标准）。

-Wall

Wall 选项可以打开所有类型的语法警告，以便帮助我们确定代码是正确的，并且尽可能实现可移植性。

-ansi

表示关闭大多数，但并不是所有的由 cc 提供的非 ANSI C 特性。它并不严格保证代码会兼容标准。

-pedantic

表示关闭所有 cc 的非 ANSI C 特性。

没有这些选项，cc 能允许使用一些非标准的扩展。有一些非标准扩展非常有用，但却不能与其他编译器兼容。实际上，标准的主要目的之一就是允许程序员写出可以在任何系统上由任何编译器编译的代码。这就叫做可移植代码。

例如

cc -Wall -ansi -pedantic -o foobar foobar.c

命令的作用是，检查源文件 foobar.c 对标准的兼容性，并产生可执行文件 foobar。

- -Ldirname

用于指定连接库的搜索目录，-l（小写 L）用于指定连接库的名字，也就是说-L 与-l 一般要成对出现。

- -llibrary

在连接的时候指定一个函数库。

例如

cc main.o -L/usr/lib -lqt -o hello

命令把目标文件 main.o 与库 qt 连接起来，连接时会到/usr/lib 目录中查找这个库文件。

使用-Ldirname 和-llibrary 的最常见情况是：当编译的源程序中使用了一些库函数，这些库函数不在 C 的标准库里面时，必须告诉编译器加上这些库。例如，数学库叫做 libm.a，因此 cc 就必须使用选项-lm。

一般情况下，把这个选项放到命令行的最后，例如

cc -o foobar foobar.c –lm

这个命令会把数学函数库连接到 foobar 里面。

4.2.2 gcc 编译器

gcc 是由 GNU 之父 Stallman 所开发的 linux 下的编译器，全称为 GNU Compiler Collection，目前可以编译的语言包括：C, C++, Objective-C, Fortran, Java, and Ada。gcc 是一个原本用于 Unix-like 系统下编程的编译器。不过，现在 gcc 也有了许多 Win32 下的移植版本。

1. gcc 的发展历史

gcc 是一个用于编程开发的自由编译器。最初，gcc 只是一个 C 编译器，随着众多自由开发者的加入和 gcc 自身的发展，如今的 gcc 已经是一个包含众多语言的编译器了。所以，gcc 也由原来的 GNU C Compiler 变为 GNU Compiler Collection。也就是 GNU 编译器家族的意思。当然，如今的 gcc 借助于它的特性，具有了交叉编译器的功能，即在一个平台下编译另一个平台的代码。

Linux 系统下的 gcc（GNU C Compiler）是 GNU 推出的功能强大、性能优越的多平台编译器，是 GNU 的代表作品之一。gcc 是可以在多种硬体平台上编译出可执行程序的超级编译器，其执行效率与一般的编译器相比平均效率要高 20%~30%。

在 Linux 系统中，可执行文件没有统一的后缀，系统从文件的属性来区分可执行文件和不可执行文件。而 gcc 则通过后缀来区别输入文件的类别，下面介绍 gcc 所遵循的部分约定规则。

（1）.c 为后缀的文件，是 C 语言源代码文件；
（2）.a 为后缀的文件，是由目标文件构成的档案库文件；
（3）.C，.cc 或.cxx 为后缀的文件，是 C++源代码文件；
（4）.h 为后缀的文件，是程序所包含的头文件；
（5）.i 为后缀的文件，是已经预处理过的 C 源代码文件；
（6）.ii 为后缀的文件，是已经预处理过的 C++源代码文件；
（7）.m 为后缀的文件，是 Objective-C 源代码文件；
（8）.o 为后缀的文件，是编译后的目标文件；
（9）.s 为后缀的文件，是汇编语言源代码文件；
（10）.S 为后缀的文件，是经过预编译的汇编语言源代码文件。

2. gcc 的执行过程

虽然称 gcc 是 C 语言的编译器，但使用 gcc 由 C 语言源代码文件生成可执行文件的过程不仅仅是编译的过程，而是要经历 4 个相互关联的步骤：预处理(也称预编译，Preprocessing)、编译(Compilation)、汇编(Assembly)和连接(Linking)。

（1）预处理：gcc 命令首先调用 cpp 进行预处理，在预处理过程中，对源代码文件中的文件包含(include)、预编译语句(如宏定义 define 等)进行分析。

（2）编译：接着调用 cc1 进行编译，这个阶段根据输入文件生成以.o 为后缀的目标文件。

(3) 汇编：汇编过程是针对汇编语言的步骤，调用 as 进行工作，一般来讲，.S 为后缀的汇编语言源代码文件和汇编，.s 为后缀的汇编语言文件经过预编译和汇编之后都生成以 .o 为后缀的目标文件。

(4) 连接：当所有的目标文件都生成之后，gcc 就调用 ld 来完成最后的关键性工作，这个阶段就是连接。在连接阶段，所有的目标文件被安排在可执行程序中的恰当位置，同时，该程序所调用到的库函数也从各自所在的档案库中连接到合适的地方。

3. gcc 的基本用法和选项

在使用 gcc 编译器的时候，必须给出一系列必要的调用参数和文件名称。gcc 编译器的调用参数大约有 100 多个，其中多数参数可能根本就用不到，这里只介绍其中最基本、最常用的参数。

gcc 最基本的用法是：

gcc 【*options*】【*outfile*】 *filenames*

其中，options 是参数选项；gcc 的选项和 cc 命令的选项大致相同；outfile 是生成的可执行文件名称；filenames 是需要编译的源程序文件名称。

4.3 在 Unix/Linux 中编写 C 程序

4.3.1 创建并编辑源程序文件

在 Unix/Linux 中编写 C 程序的第一步是使用文本编辑程序，编辑源程序文件。vi 是 Unix/Linux 下最常用的文本编辑工具，其一般的命令格式如下：

vi 文件名

通常 vi 有两种工作方式：命令方式和输入方式。进入 vi 后，就处于命令方式，此时可以使用 vi 提供的各种命令。在命令方式下键入的命令字符并不在屏幕上显示出来，例如键入 i，屏幕上并无多大变化，但 vi 的工作方式却由命令方式变为输入方式。

vi 中的常用命令包括：插入命令（i）、附加命令（a）、打开命令（o）、修改命令（e）或取代命令（r）。例如，使用命令 i 可以使得 vi 从命令方式进入到输入方式，在此方式下，从键盘上键入的所有字符都被插入正在编辑的缓冲区中，被当作该文件的正文。

由插入方式回到命令方式的办法是按下〈Esc〉键。如果已在命令方式下，那么按下〈Esc〉键系统会发出"嘟嘟"声。

编辑结束后，按〈Esc〉键将返回命令模式，使用以下的命令可以退出 vi 编辑器：

: wq

把编辑缓冲区的内容写到编辑的文件中，然后退出 vi 编辑器，回到 Unix shell 状态下。

: ZZ

仅当所编辑的文件作过修改时，才将缓冲区的内容写在文件上。

: x

与 ": ZZ " 相同。

: q!

强行退出 vi。此时会丢掉缓冲区内容，不存盘。

例如，要创建并编辑 C 程序文件 LT2.c，可以使用命令

vi LT2.c

然后，使用命令 i 或者按 Insert 键进入插入方式。此时，程序员可输入源代码，输入完成之后，可以使用命令":wq"来存盘并退出 vi 编辑器。

4.3.2 编译和连接

接下来可以使用 cc 或者 gcc 来编译源程序文件。例如

gcc –o LT2 LT2.c

表示编译并连接源程序文件 LT2.c，并生成可执行文件 LT2。当然，你也可以使用之前讲述的参数来编译、连接或者调试 C 程序。

4.3.3 运行程序

在 Unix/Linux 中可执行文件没有统一的后缀，系统从文件的属性而不是扩展名来区分可执行文件和不可执行文件。运行可执行程序时需要写出文件的全名，包含扩展名。

例如，执行上述编译生成的可执行文件 LT2，应当使用命令

LT2

注意 Unix/Linux 中是严格区分大小写字母的。

第5章 软件测试

查找、定位并修改程序中的错误,是程序编写中十分重要的任务。实际上,仅仅使用单步、断点等这些程序调试手段是不够的。因为软件开发过程需要经过需求分析、设计、编程等多个阶段,每个阶段都可能出现各种各样的错误,如何找出整个软件开发过程中的错误是软件测试的目的。目前软件测试仍然是保证软件可靠性的主要手段,它是软件开发过程中最艰巨、最繁重的工作。

软件测试的目的是要尽量地发现程序中的错误,不是为了证明程序的正确性,而是"假定程序中存在错误",要通过各种软件测试的方法发现尽可能多的错误。

5.1 软件测试的基本概念

5.1.1 软件测试和程序调试的区别

软件测试和程序调试是一回事吗?事实上,测试与调试有着本质的区别。程序调试的任务是诊断和改正程序中的错误。而软件测试是尽可能多地发现软件中的错误,这些错误可能是需求分析阶段犯下的错误,也可能是设计上的缺陷,或者代码上的错误。简而言之,测试的主要工作是找出存在的缺陷,而调试的目的是为了改正缺陷。

调试是测试之后的活动,测试和调试在目标、方法和思路上都有所不同。但是。需要先发现软件的错误,才能借助于一定的调试工具去找出软件错误的具体位置。软件测试贯穿于整个软件生命期,调试主要在编码开发阶段。具体而言,软件调试是在进行了成功的软件测试后才开始的工作。软件测试的目标是尽可能多地发现软件中的错误,而进一步诊断和改正程序中潜在的错误才是调试的任务。通常,调试工作是一个具有很强技巧性的工作。一个软件开发人员在分析测试结果的时候会发现,软件运行失效或出现问题,往往只是潜在错误的外部表现,而外部表现与内在原因之间常常没有明显的联系。如果要找出真正的原因,排除潜在的错误,不是一件易事。因此,调试是通过现象找出原因的一个思维分析的过程。

程序调试的基本步骤包括:错误定位;修改设计和代码,以排除错误;进行回归测试,防止引起新错误。程序调试分为静态调试和动态调试两类方法,静态调试是指依靠人的思维分析源代码的错误;而动态调试包括强行排错法、回溯法和原因排除法。

5.1.2 软件测试的基本概念

虽然在软件开发的每个阶段结束之前,都要通过严格的技术审查,尽可能早地发现并纠正差错,但是,经验表明,无论何种审查都不能发现所有差错,而且在编码过程中还不可避免地会引入新的错误。因此,进行软件测试的前提是假设"所有软件都存在错误",而软件测试就是为了尽可能多地找出软件中的错误。

软件测试在软件生存周期中占有重要的地位，一方面，测试阶段占用的时间、花费的人力和成本占软件开发的很大比重。大量统计资料表明，软件测试的工作量往往占软件开发总工作量的40%以上。另一方面，软件测试工作的效果直接影响软件质量，是保证软件可靠性的主要方法之一。

软件测试的目的就是在软件投入生产性运行之前，尽可能多地发现软件中的错误。它是保证软件质量的关键步骤，是对软件需求说明、设计和编码的最后复审。通过测试发现错误之后，还必须诊断并改正错误，这就是调试。

软件测试的基本准则是：

（1）所有测试都应追溯到需求；

（2）严格执行测试计划，排除测试的随意性；

（3）充分注意测试中的群集现象；

（4）程序员要避免检查自己的程序；

（5）穷举测试不可能；

（6）妥善保存测试计划、测试用例，出错统计和最终分析报告，为维护提供方便。

总之，软件测试的方法就是指导测试人员用尽可能少的测试用例（测试用的输入数据和输出数据），尽可能快地找出软件中的错误。

测试用例的格式是：

【（输入值表），（输出值表）】

测试用例的基本要素包括测试用例编号、测试标题、重要级别、测试输入、操作步骤、预期结果。

（1）用例编号：定义测试用例编号，便于查找测试用例，便于测试用例的跟踪。测试用例编号的命名规则可以是"项目名称+测试阶段类型+编号"，例如PROJECT1-ST-001。

（2）测试标题：是对测试用例的描述，测试用例标题应该清楚表达测试用例的用途。例如"测试用户登录时输入错误密码时，软件的响应情况"。

（3）重要级别：定义测试用例的优先级别，可以笼统地分为"高"和"低"两个级别。一般来说，如果软件需求的优先级为"高"，那么针对该需求的测试用例优先级也为"高"；反之亦然。

（4）测试输入：提供测试执行中的各种输入条件。通常根据需求中的输入条件，确定测试用例的输入。

（5）操作步骤：提供测试执行过程的步骤。

（6）预期结果：提供测试执行的预期结果，预期结果应该根据软件需求中的输出得出。如果在实际测试过程中，得到的实际测试结果与预期结果不符，那么测试不通过，这时就需要分析并找出软件中的错误；反之，则测试通过。

5.2 软件测试的基本方法

软件测试的方法分为静态测试和动态测试两类。

（1）静态测试：主要指代码检查（代码检查包括代码审查、代码走查、桌面检查、静态分析等具体方式）、软件静态结构分析、代码质量度量等，静态测试依靠人工进行。

（2）动态测试：是指选择测试用例，然后运行程序，通过对比实际的输出数据和理想的输出数据之间的差别，分析并找出软件中的错误。

本节将介绍动态测试及选择合适的测试用例的基本方法。

5.2.1 白盒法

白盒法，又称逻辑覆盖法，是指根据源代码中的内部结构来设计测试用例，检查程序中的每条通路是否能完成预定要求工作。白盒法要求测试者必须对程序内部结构和处理过程非常清楚。

常用的覆盖种类包括语句覆盖、判定覆盖、条件覆盖、判定/条件覆盖、条件组合覆盖。

1. 语句覆盖

语句覆盖是指设计若干个测试用例，运行被测试程序，使得每一条可执行语句至少执行一次。

【例题 5-1】 白盒法测试用范例程序。

```
1.    /*白盒法测试范例。源文件：LT2-1-1.C*/
2.    #include <stdio.h>
3.    #include <stdlib.h>
4.
5.    int  main(void)
6.    {
7.        float a,b,c;
8.        int x=0;
9.        scanf("%f%f%f",&a,&b,&c);
10.
11.       if( a > 0 && b = = 2 )
12.           c = c / 2;
13.       if( a = = 4 || c > 1 )
14.           x++;
15.
16.       printf("a=%f,b=%f,c=%f \n",a,b,c);
17.
18.       system("PAUSE");
19.       return 0;
20.   }/*main 函数结束*/
```

采用语句覆盖为例题 5-1 的程序选择测试用例，以确保每条语句都能执行一次。其中的关键是保证第 12 行和第 14 行的语句被执行，所以选择测试用例为：

a=4、b=2、c= =3

此时第 11 行和第 13 行的 if 语句的条件都为"真"。

语句覆盖法存在一定的缺陷。例如本例中，如果程序中第 11 行的 if 语句中的"&&"被

错误写成"||"，上面的测试用例就无法发现。

2. 判定覆盖

判定覆盖又称分支覆盖，是指设计若干个测试用例，运行所测程序，使程序中每个判断的取真分支和取假分支至少执行一次。

例如，对例题 5-1 中的程序采用判定覆盖原则选择测试用例，可以选择的测试用例为：

a=2、b=2、c=1　　　（使表达式 a>0&&b==2 为"真"，表达式 a==4||c>1 为"假"）
a=3、b=1、c=4　　　（使表达式 a>0&&b==2 为"假"，表达式 a==4||c>1 为"真"）

判定覆盖比语句覆盖要严格，因为如果每个分支都执行了，则每条语句肯定都执行过。但是这种方法对程序的逻辑覆盖仍然不高，例如上面的测试用例没有考虑到表达式"a>0&&b==2"为"真"并且表达式"a==4||c>1"同时为"真"，以及表达式"a>0&&b==2"为"假"同时表达式"a==4||c>1"为"假"这两个分支。

3. 条件覆盖

条件覆盖指设计足够的测试用例，运行所测程序，使程序中每个判断的每个条件的每个可能取值至少执行一次。

例如，对例题 5-1 中的程序采用条件覆盖原则选择测试用例。例题 5-1 中的程序中共四个条件，它们是：

a>0　　　b==2　　　a==4　　　c>1

因此可以选择两组测试用例：

a=4、b=2、c=4
a=0、b=1、c=1

4. 判定/条件覆盖

判定/条件覆盖是指同时满足判定覆盖和条件覆盖，即设计足够的测试用例，运行所测程序，使程序中每个判断的每个条件的每个可能取值至少执行一次，并且每个可能的判断结果也至少执行一次。

例如，对例题 5-1 中的程序采用判定/条件覆盖原则选择测试用例。可以看出，上面按照条件覆盖选择的测试用例：

a=4、b=2、c=4
a=0、b=1、c=1

就已经符合判定/条件覆盖。

5. 条件组合覆盖

条件组合覆盖指设计足够的测试用例，运行所测程序，使程序中每个判断的所有条件取值组合至少执行一次。

例如，对例题 5-1 中的程序采用条件组合覆盖原则选择测试用例。例题 5-1 中的程序包含四个条件，所以共有八种条件组合：

① a>0&&b==2　　　　② a<=0&&b==2
③ a>0&&b!=2　　　　④ a<=0&&b!=2
⑤ a==4||c>1　　　　⑥ a==4||c<=1
⑦ a!=4||c>1　　　　⑧ a!=4||c<=1

因此可选择测试用例如下：

a=4、b=2、c=4　　　　（针对①，⑤组合）

a=4、b=1、c=1　　　　　（针对③，⑥组合）
　　a=0、b=2、c=2　　　　　（针对②，⑦组合）
　　a=0、b=1、c=1　　　　　（针对④，⑧组合）

任何一种覆盖方法都不足以成为唯一的测试标准，还需要其他的测试手段（例如黑盒法）作为补充。

5.2.2 黑盒法

黑盒测试就是把程序看成是一个黑盒子，只在程序接口上进行测试，主要看软件是否完成需求中设定的功能要求，因此黑盒测试也称为功能测试。想要使用黑盒法发现程序所有的错误，理论上必须测试所有可能的输入数据，但是这常常是行不通的。穷举测试是不可能的，我们所需要做的是用最少的资源，做最多的测试检查，寻找一个平衡点保证程序的正确性。

常用的黑盒法有以下方法：

1. 等价分类法

使用等价分类法首先需要把输入数据划分等价类，为此要仔细研究程序的功能说明，划分时应该包括无效等价类和有效等价类。划分等价类很大程度上是试探性的。

【例题 5-2】 测试编写的一个计算 $sqrt((x-4)/(6-x))$ 的程序。

首先将该程序的输入数据（变量 x）分为三个有效等价类：

x<6

x>4

x=4

以及三个无效等价类：

x>6

x=6

x<4

为了选择尽可能少的测试用例，首先应该选取尽可能多包含有效等价类的测试用例，例如选取 x=5 和 x=4 就可以包括全部三个有效等价类。其次，选择多个测试用例，包括全部无效等价类，例如，选取 x=6、x=7、x=3。归纳起来，可以选取如下测试用例：

x=3，4，5，6，7

2. 边界值分析法

经验表明，处理边界数据很容易发生错误，所以检查边界值发现错误的可能性高。例如，例题 5-2 中的合法数据和非法数据的边界值（x=4，6）。

3. 错误推测法

错误推测法指根据经验和直觉选取测试用例。由于无法实现穷举测试，因此实际的测试工作中测试用例的选择就成为直接影响测试效果的关键因素，程序员和测试人员的经验是不可或缺的重要方面。

5.3 软件测试的实施

理论上只有对每一种可能的输入情况进行测试，才能得到完全正确的程序。但是对于实际程序，穷尽测试通常是无法实现的。为了保证程序的可靠性，必须仔细设计测试方案，用尽可能少的测试用例发现尽可能多的错误。

实际进行测试工作时，单独采用白盒法或者黑盒法是不够的。设计的测试用例应该选用少量、高效的测试数据进行尽可能完备的测试。选择测试用例应考虑的一些常用原则包括：

（1）正确性测试：输入用户实际数据以验证系统是满足软件需求中的要求，测试用例中的测试点应首先保证要至少覆盖需求中设定的各项功能。

（2）容错性（健壮性）测试：程序能够接收正确输入数据并且产生正确（预期）的输出。输入非法数据（非法类型、不符合要求的数据、溢出数据等）时，程序应能给出提示并进行相应处理。测试人员应该把自己想象成一名对软件操作一点也不懂的客户，进行任意操作。

（3）完整（安全）性测试：对未经授权的人使用软件系统或数据的企图，系统能够控制的程度，程序的数据处理能够保持外部信息（数据库或文件）的完整。

（4）接口间测试：测试各个模块间的协调和通信情况，数据输入输出的一致性和正确性。

（5）边界值分析法：确定边界情况（刚好等于、稍小于和稍大于和刚刚大于等价类边界值），针对被测软件系统主要在边界值附近选取测试用例。

（6）等价划分：将所有可能的输入数据（有效的和无效的）划分成若干个等价类。

（7）错误推测：根据测试经验和直觉，参照以往的软件系统出现错误之处设计测试用例。

（8）可理解（操作）性：理解和使用该系统的难易程度（即界面友好性）。

（9）可移植性：在不同操作系统及硬件配置情况下的运行性。

（10）回归测试：在某一轮测试完毕，开发人员针对测试中发现的问题修改了程序后，必须进行下一轮的软件测试，以检验修改是否正确以及是否引发了新的错误。

简单地说，在设计测试用例时可结合各种方法，总体上应当参考以下几点规则：

（1）任何情况下都要优先使用边界值分析法。

（2）需要时，使用等价类法补充测试用例。

（3）接下来应该用错误推测法来补充测试用例。

（4）此后，检查以上选取的测试用例是否满足白盒法中相应的逻辑覆盖程度，如果不能满足某些逻辑覆盖标准，可以再补充测试用例。

第6章 上机实验安排

上机指导1　使用常用C编译环境编写C程序

目的和要求：

　　1. 熟悉掌握 Turbo C 2.0/3.0、Visual C++ 2005、Dev C++、Unix/Linux 等常用 C 编译环境的使用，即掌握编写 C 程序和编译、测试 C 程序的上机方法和步骤。请掌握 Turbo C 2.0/3.0 的使用，并至少选择 Visual C++ 2005、Dev C++ 中的一种。如果有条件，请选择一种 Unix/Linux 系统环境，熟练掌握编写、编译、运行 C 程序的方法。

　　2. 通过本次上机，编辑、编译、执行简单的 C 程序，加深对 C 程序的基本结构和书写规范的认识。

　　3. 认知并改正简单的语法错误。

内容和步骤：

1. 初识常用C编译环境

　　分别选择 Visual C++ 2005、Dev C++、Turbo C 2.0/3.0 等编译环境，请填写操作方法：

（1）启动编译环境 Turbo C 2.0/3.0，操作方法：＿＿＿＿＿＿＿＿＿＿＿＿＿＿＿＿；
　　　启动编译环境 Visual C++ 2005，操作方法：＿＿＿＿＿＿＿＿＿＿＿＿＿＿＿＿；
　　　启动编译环境 Dev C++，操作方法：＿＿＿＿＿＿＿＿＿＿＿＿＿＿＿＿；
　　　提示：编辑程序前，请先创建一个目录，用于保存编辑好的程序。

（2）编辑并保存以下程序，操作方法：＿＿＿＿＿＿＿＿＿＿＿＿＿＿＿＿；

```
1.    #include <stdio.h>
2.    #include <stdlib.h>
3.
4.    int main(void)
5.    {
6.        printf("Hello world!\n");
7.
8.        system("PAUSE");
9.        return 0;
10.   } /*end main*/
```

（3）编译、连接、运行以上程序，操作方法：_____；
（4）退出并关闭编译环境，操作方法：_____；

2. 打开已存在的程序进行修改

（1）调入刚刚编辑好的程序，操作方法：_____；
（2）修改程序为：

1.	#include <stdio.h>
2.	#include <stdlib.h>
3.	
4.	int main(void)
5.	{
6.	printf("Hello world!\n");
7.	printf("I am a student!\n")
8.	
9.	system("PAUSE");
10.	return 0;
11.	} /*end main*/

（3）编译，并改正上述程序的语法错误，语法错误为_____；
　　　操作方法：_____；

3. 调试运行如下程序

教材第 1 章中例题 1-1、例题 1-2 和例题 1-3。

4. 熟悉标识符的命名规则

请在下面程序横线处填写如下的 8 个字符串，验证是否为合法的标识符。

a）a12_3　　　b）we#32　　　c）1234　　　d）be 666
e）if　　　　　f）If　　　　　g）2km　　　　h）case

1.	#include <stdio.h>
2.	#include <stdlib.h>
3.	int main(void)
4.	{
5.	int _____=3;
6.	
7.	printf("the data=%d!\n",_____);
8.	
9.	system("PAUSE");
10.	return 0;
11.	} /*end main*/

5. 编程练习

（1）编程，分行输出你的姓名、学号、专业、电话号码和 E-mail 地址。

（2）任意输入两个整数，计算两者的和值。

（3）编程输出如下的信息：

```
*************************
*        Very Good!        *
*************************
```

上机指导 2 数据、类型和运算

目的和要求：

1. 熟悉掌握 C 语言中变量、常量和基本数据类型的概念。
2. 熟练掌握 C 语言中算术运算符、增量、减量运算符的使用。
3. 熟练掌握赋值和复合运算符、关系和逻辑运算符、条件和逗号运算符的使用。
4. 熟练掌握位运算符的使用。
5. 掌握 sizeof 和取地址运算符的使用。
6. 掌握整数上溢，实数上溢、下溢和可表示误差的概念。
7. 认知并改正简单的语法错误，学习编写简单的程序。

内容和步骤：

1. 阅读并分析程序

（1）输入并运行以下程序，并回答问题。

```
1.    /*源程序：SJXT2-1.C*/
2.    #include <stdlib.h>
3.    #include <stdio.h>
4.
5.    int main(void)
6.    {
7.        char c1, c2;
8.
9.        c1 = 'a';
10.       c2 = 'b';
11.
12.       printf("c1 is %c\nc2 is %c\n",c1, c2);
13.       printf("c1 is %d\nc2 is %d\n",c1 , c2);
14.
15.       system("PAUSE");
16.       return 0;
17.   }  /*end main*/
```

- 请问，程序的运行结果是_____。
- 请增加一个语句，调用 printf( )函数用十六进制格式输入 c1 和 c2 的数值。

（2）输入并运行以下程序，并回答问题。

1.	/*源程序：SJXT2-2.C*/
2.	#include <stdlib.h>
3.	#include <stdio.h>
4.	
5.	int main(void)
6.	{
7.	int a, b;
8.	unsigned int c, d;
9.	long int e, f;
10.	a = 100;
11.	b = -100;
12.	c = a;
13.	d = b;
14.	
15.	printf("%d, %d\n",a, b);
16.	printf("%u, %u\n",a, b);
17.	printf("%d, %d\n",c, d);
18.	printf("%u, %u\n",c, d);
19.	
20.	e = 50000;
21.	f = 32767;
22.	c = a = e;
23.	d = b= f;
24.	
25.	printf("%d, %d\n",a, b);
26.	printf("%u, %u\n",c, d);
27.	
28.	system("PAUSE");
29.	return 0;
30.	} /*end main*/

- 请分别用 VC、Dev C++和 Turbo C 运行上面的程序，请问程序运行结果分别是_____。
- 上面的三个环境中结果是否不同？如果不同，请问为什么？
- 请分析，将一个负整数赋给一个无符号整型变量，会得到什么结果？画出它们在内存中的表示形式。
- 请分析，将一个大于 32767 的长整数赋给整型变量，会得到什么结果？画出它们在内存中的表示形式。

（3）输入并运行以下程序，并回答问题。

1.	/*源程序：SJXT2-3.C*/
2.	#include <stdlib.h>
3.	#include <stdio.h>
4.	
5.	int main(void)
6.	{
7.	int a, b, c, d;
8.	
9.	a = 12;
10.	b = 45;
11.	c = ++a;
12.	d = b--;
13.	
14.	printf("%d, %d\n",a, b);
15.	printf("%d, %d\n",c, d);
16.	
17.	system("PAUSE");
18.	return 0;
19.	} /*end main*/

- 程序运行结果是_____。
- 将第 11 行的增量运算符改为后缀形式，第 12 行的减量运算符改为前缀形式，程序运行结果是_____。

（4）上机运行教材第 2 章习题 2.5 和习题 2.10，验证程序运行结果。

2. 编程练习

（1）编写一个简短的程序，使用 sizeof 运算符检查你所使用的 C 编译系统中保存 int 和 double 类型的字节数目。

（2）编写一个程序将以厘米为单位的测量结果转换为以英寸和英尺输出。

（3）上机编写实现教材第 2 章习题 2.13 到习题 2.16。

上机指导 3 顺序结构程序设计

目的和要求：

1. 熟悉掌握 C 语言中控制台 I/O 的库函数使用。
2. 熟练掌握 C 语言中的语句的定义规范。
3. 熟练掌握顺序结构程序的编写。

内容和步骤：

1. 运行下列程序，分析运行结果并回答问题

（1）分析下列程序，写出程序运行结果，然后上机验证你的分析是否正确。

1.	/*输入输出练习。源程序：SJXT3-1.C*/
2.	#include <stdio.h>
3.	#include <stdlib.h>
4.	
5.	int main(void)
6.	{
7.	char c1,c2;
8.	int d1,d2;
9.	float f1,f2;
10.	double x1, x2;
11.	long int g1, g2;
12.	unsigned int u1, u2;
13.	
14.	c1 = 'b'; c2 = 'B';
15.	d1 = -1; d2 = 32767;
16.	f1 = 1.23; f2 = 3.45;
17.	x1 = 5.67; x2 = 6.78;
18.	g1 = -32767; g2 = 1024;
19.	u1 =32768; u2 = 65535;
20.	
21.	printf("c1: %c\t%d\nc2: %c\t%d \n",c1, c1, c2,c2);
22.	printf("d1: %06d\t%-6d\nd2: %06i\t%-6i \n",d1, d1, d2, d2);
23.	printf("f1: %ft%10.3f\nf2: %.4ec\t%.4g \n", f1, f1, f2, f2);
24.	printf("x1: %E\t%10.3E\nx2: %.4Gc\t%.4G \n", x1, x1, x2, x2);
25.	printf("g1: %lo\t%ld\ng2:%lx\t%ld \n", g1, g1, g2, g2);
26.	printf("u1: %u\t%x\nu2: %uc\t%x \n", f1, f1, f2, f2);
27.	
28.	system("PAUSE");
29.	return 0;
30.	} /*end main*/

问题：此程序的运行结果是：_____。

（2）将上述程序（源程序 SJXT3-1.C）中第 14~19 行修改为用控制台输入函数读入数据，数据的值不变，那么：

第 14~19 行修改的代码为：_____；

运行修改后的程序时，应当从键盘输入的数据及其格式是：_____。

2. 编程练习

按照要求完成以下程序的编写工作：
  a）根据题目要求设计程序测试计划。
  b）编写程序。
  c）确定所有的提示和输出标注都明确易读。
  d）使用设计的测试计划测试你编写的程序。
  e）交付源程序和测试的输出结果。

（1）（显示西洋棋图样）编写一个程序，显示如下的西洋棋图样。然后尝试使用尽可能少的 printf( )语句达到同样效果。

```
********
 ********
  ********
   ********
    ********
     ********
      ********
       ********
```

（2）仅使用顺序结构，编写一个程序，计算 0～10 之间的各个数的平方值和立方值。并使用制表符（tab \t）按照如下数据表格样式打印输出。

number	square	cube
0	0	0
1	1	1
2	4	8
3	9	27
4	16	64
5	25	125
6	36	216
7	49	343
8	64	512
9	81	729
10	100	1000

（3）（找零计算）编写一个程序，请用户输入一个物件的价格，然后输入用户支付的钱数，最后打印应找给用户的零钱数目。

（4）编写这样一个程序，从键盘输入 3 个整数，打印它们的和值、平均值、乘积、最小数和最大数。（提示：使用条件运算符计算最小数和最大数）

（5）编写一个程序，输入一个大写字母，将其转换为小写字母输出。

（6）（温度转换）编写一个程序，实现华氏温度到摄氏温度的转换，转换公式如下

$$摄氏温度 = \frac{(华氏温度 - 32) \times 5}{9}$$

（习题3.7）

（7）（重量转换）编写一个程序，读取以磅为单位的重量，将其转换为以克为单位，输出原始重量和转换后的重量。提示：一磅等于 454 克。（习题3.8）

（8）（距离转换）编写一个程序，将距离从英里转换为公里，每英里等于 5280 英尺，每英尺等于 12 英寸，每英寸等于 2.54 厘米，而每公里等于 100000 厘米。（习题3.9）

上机指导 4　流程控制

目的和要求：

1. 掌握 C 语言中的真值和假值的处理方法。
2. 学习条件语句 if 的选择结构程序设计。
3. 学习 switch 多重选择语句的选择结构程序设计，以及 break 语句在 switch 中的使用。
4. 学习 C 语言中 for、while 和 do-while 三种循环语句的使用，以及用 goto 语句构造循环结构的方法。
5. 掌握 break 语句和 continue 语句在循环结构中的使用。
6. 熟练运用选择结构和循环结构控制语句，编写一个简单的算法和程序设计。

内容和步骤：

1. 完善下列程序，回答问题

现有四个程序段，请补充完成编写成四个完整的 C 程序。并问答问题：

a) if(x > 0)　　y = -1;　else　if (x = = 0)　y = 0 ;　　else　　y = 1;
b) if(x >= 0)　　if (x > 0)　y = 1;　else　y = 0 ;　　else　　y = -1;
c) y = -1; if (x != 0)　　if (x > 0)　　y = 1; else y = 0;
d) y = 0; if (x >= 0)　　{　if (x > 0)　　y = 1; }　　else　y = -1;

请问，上面四个程序段中哪些不能实现以下函数关系？为什么？请用缩进格式改写，写出基于上述四个程序段的完整 C 程序，并画出流程图，分析四个程序执行流程的区别。

2. 运行下列程序，回答问题

（1）程序 SJXT4-1.C 的功能是：计算 1、2 到 100 的和值，请找出程序中的错误，分析错误原因，并改正。

1.	/*流程控制上机范例，找错练习。源程序：SJXT4-1.C*/
2.	#include <stdio.h>
3.	#include <stdlib.h>
4.	
5.	int main(void)
6.	{
7.	float k = 1.0;
8.	int sum = 0;
9.	
10.	do{
11.	sum = sum + k;
12.	k++;
13.	}while(k = = 100.0)

14.		
15.		printf("%d",sum);
16.		
17.		system("PAUSE");
18.		return 0;
19.	}	/*end main*/

问题：程序 SJXT4-1.C 中存在几个错误，分别是：_____；
　　　错误原因是：_____；
　　　改正后是：_____。

（2）分析程序 SJXT4-2.C 的执行流程，写出程序运行结果。
　　问题：在不运行程序 SJXT4-2.C 前提下，写出程序运行结果：
_____；
　　　请用单步调试的方式，逐条执行 SJXT4-2.C，观测程序执行流程，验证你的分析结果是否正确。并回答，循环执行的次数是_____。

1.	/*流程控制上机范例，程序阅读。源程序：SJXT4-2.C*/
2.	#include <stdio.h>
3.	#include <stdlib.h>
4.	
5.	int main(void)
6.	{
7.	int i=1,j=1;
8.	
9.	for(; j < 10 ; i++)
10.	{
11.	if(j > 5) break;
12.	if(j % 2 != 0)
13.	{
14.	j += 3;
15.	continue;
16.	}
17.	j -= 1;
18.	}
19.	
20.	printf("%d,%d\n",i,j);
21.	
22.	system("PAUSE");
23.	return 0;
24.	} /*end main*/

3. 程序填空，并回答问题

程序 SJXT4-3.C 的功能是：输入一个不大于 4 位的正整数，判断它是几位数，然后输出各位数字的乘积。

```
1.   /*输入一个不大于4位的正整数，判断它是几位数，并输出各位数字的乘积。*/
2.   /*源程序：SJXT4-2.C*/
3.   #include <stdio.h>
4.   #include <stdlib.h>
5.
6.   int main(void)
7.   {
8.       int x;
9.       int a, b, c, d;
10.
11.      printf("请输入一个不大于4位的正整数：");
12.      scanf("%d", &x);
13.
14.      if(x > _____ )
15.          n = 4;
16.      else if( x > _____ )
17.          n = 3;
18.      else if( x > _____ )
19.          n = 2;
20.      else
21.          n = 1;
22.
23.      a = x / 1000;
24.      b = _____ ;
25.      c = _____ ;
26.      d = _____ ;
27.      switch( _____ )
28.      {
29.          case 4:    printf("%d*%d*%d*%d = %d \n",a, b, c, d, a * b * c * d);
30.                     _____ ;
31.          case 3:    printf("%d*%d*%d*%d = %d \n",a, b, c, d, a * b * c * d);
32.                     _____ ;
33.          case 2:    printf("%d*%d*%d*%d = %d \n",a, b, c, d, a * b * c * d);
34.                     _____ ;
35.          default:  _____ ;
```

36.	}	
37.		
38.	system("PAUSE");	
39.	return 0;	
40.	}	/*end main*/

问题：请在程序 SJXT4-3.C 中画线处填写相应内容，以完成整个程序。

请设计程序 SJXT4-3.C 的测试用例数据，这些测试数据是：_____。

如果在程序 SJXT4-3.C 中增加对不合法输入的测试，例如：输入负数；输入的数超过 4 位。请修改代码，以实现对不合法输入的测试。

4. 编程练习

按照如下要求完成以下程序的编写工作：

a）根据题目要求设计程序测试计划。

b）编写程序。

c）确定所有的提示和输出标注都明确易读。

d）使用设计的测试计划测试你编写的程序。

e）交付源程序和测试的输出结果。

（1）编写程序实现：输入一个百分制成绩，要求输出成绩的等级 A、B、C、D 和 E。90 分及以上为 A，80~89 分为 B，70~79 分为 C，60~69 分为 D，60 分以下为 E。要求如下：

- 请分别使用 if 语句和 switch 语句编写程序；
- 修改上述程序，增加对输入分数为负数，以及输入分数大于 100 的非法数据测试，使之能够正确处理任何输入数据。

（2）编程实现：计算 $s = 1/2! + 1/4! + 1/6! + 1/8! +\cdots+1/10!$。

（3）编程实现：教材第 4 章习题 4.7、习题 4.12、习题 4.13 和习题 4.15。

上机指导 5 函数

目的和要求：

1. 掌握 C 语言中创建函数、调用函数和函数原型的使用方法。
2. 熟练掌握 C 函数实参和形参之间的值传递方式，以及 return 语句的使用。
3. 掌握函数的嵌套调用和递归调用的方法。
4. 掌握数据模块化的概念：全局变量和局部变量的使用。变量的存储类别的使用。
5. 掌握编译预处理命令使用：宏定义，文件包含，以及使用条件编译命令调试程序。
6. 学习多文件 C 程序的编译、调试和运行。

内容和步骤：

1. 运行下列程序，回答问题

（1）程序 SJXT5-1-1.C 的功能是：计算 1、2 到 5 的和值。

1.	/*计算1、2到5的和值。源程序：SJXT5-1-1.C*/
2.	#include <stdio.h>
3.	#include <stdlib.h>
4.	
5.	int add(int a);
6.	
7.	int main(void)
8.	{
9.	int i, sum;
10.	
11.	for(i = 0; i <= 5 ; i++)
12.	sum = add(i);
13.	
14.	printf("sum=%d\n",sum);
15.	
16.	system("PAUSE");
17.	return 0;
18.	}
19.	
20.	int add(int a)
21.	{
22.	int s = 0;
23.	s += a;
24.	return s;
25.	}

    问题：程序 SJXT5-1-1.C 的运行结果是：_____；

          能否得到正确结果？_____；

          为什么？原因是：_____；

          请在不增加语句的条件下，修改程序并上机调试。

（2）程序 SJXT5-2.C 的功能是：输入一个实数 x，输出 x 绝对值的平方根。

1.	/*源程序：SJXT5-2.C*/
2.	#include <stdio.h>
3.	#include <stdlib.h>
4.	
5.	int main(void)
6.	{
7.	double x;
8.	
9.	printf("Please input a number:");
10.	scanf("%lf", &x);
11.	
12.	printstar( );
13.	printmessage( );
14.	printf("%.4f\n", sqrt(fabs(x)));

15.	printstar( );
16.	
17.	system("PAUSE");
18.	return 0;
19.	}
20.	
21.	void printstar( )
22.	{
23.	printf("***************\n");
24.	}
25.	
26.	void printmessage( )
27.	{
28.	printf("The result is ");
29.	}

问题：编译程序 SJXT5-2.C 时，出现编译错误和警告信息是：
_____ ；
分析错误原因：_____ ；
应如何修改：_____ 。

（3）阅读并分析程序 SJXT5-3.C。

1.	/*源程序：SJXT5-3.C*/
2.	#include <stdio.h>
3.	#include <stdlib.h>
4.	
5.	int fat(int n)
6.	{
7.	static int f = 1;
8.	f = f * n - 1;
9.	return (f);
10.	}
11.	
12.	int main(void)
13.	{
14.	int i;
15.	for(i = 1 ; i <= 5 ; ++i)
16.	printf("%d\t",fat(i));
17.	
18.	system("PAUSE");
19.	return 0;
20.	}

问题：请在运行程序 SJXT5-3.C 之前，人工分析程序运行结果：_____。

请上机执行验证你的分析是否正确。

如果删除程序 SJXT5-3.C 第 7 行的 static，程序结果是：_____。

请分别用单步方式执行修改前后的程序 SJXT5-3.C，观察变量 f 的取值变化。

2. 递归函数阅读与程序改写练习

请阅读并分析程序 SJXT5-4.C。

```
1.   /*源程序：SJXT5-4.C*/
2.   #include <stdio.h>
3.   #include <stdlib.h>
4.   void reverse(long n)
5.   {
6.       if ( n >= 1000)
7.           reverse( n / 1000);
8.
9.       printf("%d", n % 1000);
10.      putchar(',');
11.  }
12.
13.  int main( )
14.  {
15.      long a;
16.
17.      scanf("%ld",&a);
18.      reverse(a);
19.
20.      system("PAUSE");
21.      return  0;
22.  }
```

问题：请在运行程序 SJXT5-4.C 之前，人工分析程序运行结果：_____。

请上机执行验证你的分析是否正确。

函数 reverse( )的功能是：_____。

请用迭代的方法改写递归函数 reverse( )。

3. 条件编译练习

请阅读并分析程序 SJXT5-5.C。

```
1.   /*源程序：SJXT5-5.C*/
2.   #include <stdio.h>
3.   #include <stdlib.h>
```

```
4.      #define MAX
5.
6.      #ifdef MAX
7.
8.      int Max(int x, int y)
9.      {
10.         return ( x > y ) ? x : y;
11.     }
12.
13.     #else
14.
15.     int Max(int x, int y, int z)
16.     {
17.         int k;
18.         k = x > y ? x : y;
19.         return ( z > k ) ? z : k;
20.     }
21.
22.     #endif
23.
24.     int main(void)
25.     {
26.         int a,b,c;
27.
28.         scanf("%d%d%d", &a, &b, &c);
29.         printf("max=%d\n", Max(a,b,c));
30.
31.         system("PAUSE");
32.         return  0;
33.     }
```

问题：上机调试程序 SJXT5-5.C，编译程序提示的错误信息是_____。

请分析错误的原因：_____。

如何改正：_____。

指出用下画线标注的语句的作用是什么？_____。

4. 编程练习

按照要求完成以下程序的编写工作：

a）根据题目要求设计程序测试计划。

b）编写程序。

c）确定所有的提示和输出标注都明确易读。

d）使用设计的测试计划测试你编写的程序。
e）交付源程序和测试的输出结果。
（1）请编写一个函数，计算下面的公式：
$$f(x)=(6x+2)^{1/2}$$
编写主程序，计算 x 从 0 到 1000（步长为 50）的 f(x)的累计之和，要求以表格方式输出每一步计算出的 f(x)和当前和。
（2）请编写一个函数计算两点（x1,y1）和（x2,y2）之间的距离，所有数据类型都采用 double。并编写主程序调用该函数。
（3）请编程实现：教材第 5 章习题 5.9、习题 5.10，习题 5.12 到习题 5.14。

上机指导 6　程序测试与调试

目的和要求：

1. 练习程序测试计划的编写方法。
2. 熟练掌握 C 程序调试和测试的基本方法。

内容和步骤：

1. 运行下列程序，回答问题

程序 SJXT6-1-1.C 的功能是：计算 10 的阶乘。

1.	/*源程序：SJXT6-1-1.C*/
2.	#include <stdio.h>
3.	#include <stdlib.h>
4.	
5.	long f(short int n)
6.	{
7.	short int tmp=1,i;
8.	if (n>=2)
9.	for(i =1;i <=n; i++)
10.	tmp*=i;
11.	
12.	return (long) tmp;
13.	}
14.	
15.	int main( )
16.	{
17.	short int a;
18.	long b;
19.	

20.	a=10;
21.	b=f(a);
22.	
23.	printf("%d!=%ld\n",a,b);
24.	
25.	system("PAUSE");
26.	return 0;
27.	}

问题：程序 SJXT6-1-1.C 的运行结果是：＿＿＿＿＿＿＿＿＿＿＿＿＿＿＿＿＿；
能否得到正确结果？＿＿＿＿＿＿＿＿＿＿＿＿＿＿＿＿＿＿＿＿＿；
为什么？原因是：＿＿＿＿＿＿＿＿＿＿＿＿＿＿＿＿＿＿＿＿＿；
请分别采用单步和断点的方法调试上述程序，并改正错误。

2. 编程与程序调试与测试练习

按照如下要求完成以下程序的编写工作：

a）根据题目要求设计程序测试计划。

b）编写程序。

c）请选择合适的测试用例，分别采用单步调试、断点调试和增加测试语句的方法调试你编写的程序，验证测试计划的合理性。

d）交付源程序和测试的输出结果。

完成教材第 6 章习题 6.3 到习题 6.7。

上机指导 7　数组

目的和要求：

1. 熟悉掌握 C 语言中数组的基本概念。
2. 熟练掌握 C 语言中一维数组的定义、初始化、输入输出和访问等操作。
3. 熟练掌握字符数组的定义、初始化、输入输出和 string 库的使用。
4. 熟练掌握二维数组的定义、初始化和使用。
5. 掌握字符串数组的使用。
6. 掌握与数组有关的常用算法（排序算法、查找算法等）。

内容和步骤：

1. 阅读并分析程序

（1）程序 SJXT7-1.C 的功能是：输入一个由 10 个整数组成的数组，下面程序的功能是将该数组下标值为偶数的元素由小到大排序，将下标值为奇数的元素由大到小排序。

```
1.   /*源程序：LT7-18.C*/
2.   #include <stdio.h>
3.   #include <stdlib.h>
4.
5.   /*主函数*/
6.   int   main( )
7.   {
8.       int a[10];
9.       int i,j,t;
10.
11.      for( i = 0 ; i < 10 ; i++)
12.          scanf("%d",&a[i]);
13.
14.      for( i = 0 ;_____ ; i += 2)
15.          for( j = _____ ;_____ ;_____ ){
16.              if(_____){
17.                  t = a[ i ];
18.                  a[ i ] = a[ j ];
19.                  a[ j ] = t;
20.              }
21.
22.              if(_____ ){
23.                  t = a[ i + 1 ];
24.                  a[ i + 1 ] = a[ j + 1 ];
25.                  a[j + 1 ] = t;
26.              }
27.          }
28.
29.      for( i = 0 ;i < 10 ; i++)
30.          printf("%d\t",a[i]);
31.
32.      system("PAUSE");
33.      return 0;
34.  }   /*end main*/
```

- 请在下画线处填写合适内容，以正确完成整个程序。
- 请选择合适的测试用例，调试程序。

（2）上机运行教材第 7 章习题 7.3 和习题 7.40，分析程序运行结果和功能。

2. 编程练习

按照如下要求完成以下程序的编写工作：

a）根据题目要求设计程序测试计划。
b）编写程序。
c）请选择合适的测试用例，分别采用单步调试、断点调试和增加测试语句的方法调试你编写的程序，验证测试计划的合理性。
d）交付源程序和测试的输出结果。

（1）请编写一个程序，输入一个十进制整数，输出与其相等的二进制形式。
（2）修改上述编写的程序，实现输入一个十进制整数和任意一个基数（2～16 间），输出与其相等的任何基数的数据形式。

（3）请编写一个字符替换函数 substitute( )，它接收 3 个形参：两个字符型、一个字符串型。在字符串中，查找是否出现第一个字符，并将其替换为第二个字符。函数返回替换的次数。然后编写一个主函数，使得程序完整。

（4）上机编写实现教材第 7 章习题 7.14 到习题 7.18。

上机指导 8 指针

目的和要求：

1. 掌握指针的概念，指针的定义、初始化的方法。
2. 掌握指针运算的基本规则。
3. 掌握指针或数组名形参模拟按引用传递的方法。
4. 学会用指针对数组、字符串进行操作。
5. 掌握命令行指针的使用。
6. 掌握函数指针的使用。

内容和步骤：

1. 运行下列程序，分析运行结果并回答问题

（1）下列程序用于按两个整数的交换

```
1.   #include <stdio.h>
2.   #include <stdlib.h>
3.
4.   void swap( int * pa, int * pb)
5.   {
6.       int *p;
7.       *p = *pa;
8.       *pa = *pb ;
9.       *pb = *p ;
10.  }
11.
12.  int main(void)
13.  {
14.      int a, b;
15.      scanf("%d%d", &a, &b);
16.      swap(&a, &b);
17.
18.      printf("a=%d, b=%d\n", a, b);
19.
20.      system("PAUSE");
21.      return 0;
22.  }
```

问题：此程序编译时的错误或警告信息：_____；
请分析出现编译错误或警告的原因。
分析程序是否可以达成交换数据的目的？为什么？

(2) 将上述程序中函数 swap 改为：
void swap(int * pa, int * pb)
{
  int *p;
  p = pa;
  pa = pb ;
  pb = p ;
}
问题：此程序编译时的错误或警告信息：_____；
请分析出现编译错误或警告的原因。
分析程序是否可以达成交换数据的目的，为什么？

(3) 请改正错误，写出交换两个整数的正确程序。

2. 调试运行如下程序

编译教材第 8 章 8.9.2 节中的程序 wrong1.C、wrong 2.C、wrong3.C 这三个错误的程序，找出其中的错误并改正。

3. 编程练习

按照如下要求完成以下程序的编写工作：
a) 根据题目要求设计程序测试计划。
b) 编写程序。
c) 请选择合适的测试用例，分别采用单步调试、断点调试和增加测试语句的方法调试你编写的程序，验证测试计划的合理性。
d) 交付源程序和测试的输出结果。

(1) 请编写一个程序，定义整数数组 ar[10]={11,13,15,17,19,21,23,25,27,29}；整数指针 pt，指向数组 ar 的开始处。
- 要求输出 ara[0]的地址、p 的地址和内容。
- 按照同样样式输出以下表达式的内容：*pt+3、*pt、pt[3]、&*pt、*pt[3]、*(pt+3)、*pt++、*(pt++)、(*pt)++。如果编译过程中某些表达式出现编译错误，就删除该表达式并分析错误原因。

(2) 请编写一个程序实现：输入 3 个整数，不改变 3 个整数变量的内容，按照从小到大的顺序输出这 3 个整数。

(3) 请编写一个函数，输入一个 3×3 的矩阵，将其转置后返回。另外编写主函数输入矩阵的数据值，并输出转置后的矩阵结果。

(4) 请编程从控制台输入 10 个学生的 ID 号和 C 语言的成绩，添加以下函数，完成如下三个任务：
a) 查找最高分并通过指针形参返回该分数及其数组索引（下标）；
b) 查找最低分并通过指针形参返回该分数机器数组索引；
c) 查找最接近平均分的分数，并通过指针形参返回该分数机器数组索引。

在 main 函数中调用以上 3 个函数，打印最佳学生、最差学生和最接近平均分的学生的学号及其分数。

（5）请编写两个函数，分别实现在字符串中查找指定字符、替换指定字符的功能。（习题 8.8 和习题 8.9）。另外编写主函数，输入字符串和字符，调用上述两个函数。

（6）请编写一个扑克牌洗牌和发牌程序。（习题 8.13）

（7）请编写一个通用的菜单显示和驱动程序。（习题 8.12）

上机指导 9 结构、联合、枚举和 typedef

目的和要求：

1. 掌握结构类型的概念，结构类型变量的定义、初始化和引用的方法。
2. 掌握结构类型位段成员的使用。
3. 掌握链表的概念，以及链表的基本操作。
4. 掌握联合类型的概念和使用。
5. 掌握枚举类型的概念和使用。
6. 掌握 typedef 定义类型别名的方法。

内容和步骤：

1. 结构类型上机练习

（1）结构类型成员访问范例，请阅读并上机编译以下程序，回答问题：

1.	/*结构类型成员访问范例，错误版本。源程序：SJXT9-1-1.C*/
2.	#include <stdio.h>
3.	#include <stdlib.h>
4.	
5.	int main( )
6.	{
7.	struct stu{
8.	int num;
9.	char *name;
10.	char sex;
11.	float score;
12.	} boy1, boy2;
13.	
14.	printf("Please input ID and name\n");
15.	scanf("%d%s", &boy1.num, boy1.name);
16.	
17.	printf("input sex and score\n");
18.	scanf("%c %f", &boy1.sex, &boy1.score);
19.	
20.	boy2 = boy1;

21.	
22.	`    printf("Number=%d\nName=%s\n", boy2.num, boy2.name);`
23.	`    printf("Sex=%c\nScore=%f\n", boy2.sex, boy2.score);`
24.	
25.	`    system("pause");`
26.	`    return 0;`
27.	`}    /*end main*/`

问题：此程序编译时的错误或警告信息是：_____。

强行运行上述程序，会出现什么结果？

请分析出现编译错误或警告的原因。

请修改上述程序中的错误，直到能够正确输入 boy1 的所有成员数据，并能够正确打印 boy2 的成员值为止。

（2）结构数组使用范例：程序 SJXT9-2.C 的功能是计算 5 个学生的成绩总和、平均成绩以及不及格学生人数。请运行此程序，并回答问题：

1.	`/*结构数组使用范例。源程序：SJXT9-2.C*/`
2.	`#include <stdio.h>`
3.	`#include <stdlib.h>`
4.	`#define SIZE 5`
5.	
6.	`struct stu{`
7.	`    int num;`
8.	`    char name[15];`
9.	`    char sex;`
10.	`    float score;`
11.	`}boy[SIZE] = { {101,"Li ping",'M',45},`
12.	`               {102,"Zhang ping",'M',62.5},`
13.	`               {103,"He fang",'F',92.5},`
14.	`               {104,"Cheng ling",'F',87},`
15.	`               {105,"Wang ming",'M',58}`
16.	`             };`
17.	
18.	`int main( )`
19.	`{`
20.	`    int i, c=0;`
21.	`    float ave,s=0;`
22.	
23.	`    for(i = 0; i < SIZE ; i++)`
24.	`    {`

25.	s += boy[i].score;
26.	if(boy[i].score < 60) c += 1;
27.	}
28.	
29.	printf("s=%f\n",s);
30.	
31.	ave = s / SIZE;
32.	printf("average=%f\ncount=%d\n", ave, c);
33.	
34.	system("pause");
35.	return 0;
36.	} /*end main*/

    问题：此程序的运行结果是：_____；

    请修改程序 SJXT9-2.C，满足如下要求：
- 编写函数 readstud( )，其功能是从控制台输入所有学生的数据。
- 编写函数 average( )，其功能是计算学生成绩之和，以及学生平均成绩。
- 编写函数 count( )，其功能是统计不及格学生人数。
- 请自行确定上述 3 个函数返回类型和参数个数及类型。

（3）指向结构类型的指针练习：请阅读程序 SJXT9-3.C，并写出程序的运行结果。

1.	/* 分析下面程序的运行结果。源程序：SJXT9-3.C*/
2.	#include <stdio.h>
3.	#include <stdlib.h>
4.	
5.	int main(void)
6.	{
7.	struct {
8.	int x;
9.	int y;
10.	} a[2] = { {1,2},{3,4} }, *p = a;
11.	
12.	printf("%d,", ++p->x);
13.	printf("%d\n", (++p)->x);
14.	
15.	system("PAUSE");
16.	return 0;
17.	}/*end main*/

    问题：此程序的运行结果是：_____；

请绘制出数组 a 的存储结构，以及修改前后其元素值的变化。

2. 链表上机练习

阅读程序 SJXT9-4.C，上机执行此项程序，并回答问题。

```
1.   /*静态链表示例程序。源程序：SJXT9-4.C*/
2.   #include <stdio.h>
3.   #include <stdlib.h>
4.
5.   struct node
6.   {
7.       int data;
8.       struct node *next;
9.   };
10.
11.  int main(void)
12.  {
13.      struct node a,b,c,*head,*p;
14.      a.data=1;
15.      b.data=2;
16.      c.data=3;
17.      head=&a;
18.      a.next=&b;
19.      b.next=&c;
20.
21.      c.next=NULL;
22.      p=head;
23.      do
24.      {
25.          printf("%d\t",p->data);
26.          p=p->next;
27.      }while(p!=NULL);
28.
29.      system("PAUSE");
30.      return 0;
31.  } /*end main*/
```

问题：程序 SJXT9-4.C 的运行结果是：_____；

请分析指出程序中创建的静态链表的弱点：_____；

请修改上述程序，使得创建的链表成为动态链表。

3. 联合类型上机练习

阅读程序 SJXT9-5.C，上机执行此项程序，并回答问题。

```
1.   /*联合类型示例程序。源程序：SJXT9-5.C*/
2.   #include <stdio.h>
3.   #include <stdlib.h>
4.
5.   union{
6.       char ch;
7.       short int s;
8.       int i;
9.       long int b;
10.  } x ;
11.
12.  int main(void)
13.  {
14.      printf("请输入一个字符\n");
15.      scanf("%c",&x.ch);
16.
17.      printf("ch=%c\ns=%d\ni=%d\nb=%ld\n", x.ch, x.s, x.i, x.b);
18.
19.      system("PAUSE");
20.      return 0;
21.  } /*end main*/
```

问题：

- 运行程序 SJXT9-5.C 时，输入 a，运行结果是：_____。
- 如果将第 5 行到第 10 行的联合类型变量定义改为放置到程序中第 13 行开始的主函数体内部，重新编译运行程序，仍然输入 a，程序运行结果是：_____。
- 请分析上述两种版本的程序结果为什么不一样。
- 如果仅仅将程序 SJXT9-4.C 中第 15 行的输入语句改为输入 x.b 的数据，然后运行程序，输入数据 65536，程序运行结果是：_____。

4. 枚举类型上机练习

阅读程序 SJXT9-6.C，上机执行此项程序，并回答问题。

```
1.   /*枚举类型示例程序, 计算今天后第d天是星期几。源程序：SJXT9-6.C*/
2.   #include <stdio.h>
3.   #include <stdlib.h>
4.
5.   char weekstring[ ][10]={"Sun","Mon","Tue","Wed","Thu","Fri","Sat"};
```

6.	
7.	enum week {Sun,Mon,Tue,Wed,Thu,Fri,Sat};
8.	
9.	int main(void)
10.	{
11.	int d;
12.	enum week today,w;
13.	
14.	printf("今天是星期: ");
15.	scanf("%d",&today);
16.	
17.	printf("输入天数: ");
18.	scanf("%d",&d);
19.	
20.	printf("今天是星期%s\n",weekstring[today]);
21.	
22.	w = (enum week) ((today + d) % 7);
23.	
24.	printf("%d天后是星期%s\n",d,weekstring[w]);
25.	
26.	system("PAUSE");
27.	return 0;
28.	} /*end main*/

问题：运行程序 SJXT9-6.C 时，运行结果是：_____。

修改程序，要求输入 today 的值时不是输入整数 0 到 6，而是输入 Sun 到 Sat 的字符串来表示周日、周一到周六。

5. 编程练习

按照如下要求完成以下程序的编写工作：

a) 根据题目要求设计程序测试计划。

b) 编写程序。

c) 请选择合适的测试用例，分别采用单步调试、断点调试和增加测试语句的方法调试你编写的程序，验证测试计划的合理性。

d) 交付源程序和测试的输出结果。

（1）请编写一个程序实现：判断平面上的某个点是否在某个圆的内部。要求如下：

①定义代表平面上的点，以及圆的结构类型，并采用 typedef 为这两个结构类型分别定义别名 POINT 和 CIRCLE。

②编写一个函数 inCircle( ) 判断一个点是否在一个圆的内部，如果在圆的内部，函数返回 1；否则返回 0。

③编写测试计划，并使用该测试计划调试程序。

(2) 编写一个学生计分程序。(教材第 9 章习题 9.7)
(3) 编写并上机调试教材第 9 章习题 9.8。
(4) 链表程序编写练习：上机完成教材第 9 章习题 9.9 到习题 9.11。

上机指导 10　流与文件

目的和要求：

1. 掌握文件以及流、缓冲的概念。
2. 掌握标准流的概念和使用方法。
3. 掌握定义和关闭用户自定义流，打开和关闭文件的操作方法。
4. 掌握文本文件和二进制文件的读写方法。

内容和步骤：

1. 使用文件练习

(1) 程序 SJXT10-1.C 的功能是：从 stdin 取得输入，并输出到 stdout；x 的初始数值为 1.0，按照步长 0.1，计算 $f(x)=x^3-x^2-3x+12$ 的函数值，x 的结束数值是 1.0。

按如下要求改写程序 SJXT10-1.C：

- 按照程序中注释信息的提示，将程序更改为从输入文件 my.in 中读取 x 的初始数值和结束数值。
- 将 f(x)的结果表格写入到输出文件 my.out 中。
- 程序中的注释信息说明了需要完成的更改部分和添加部分。
- 创建 my.in 文件，其中包含 x 的初始数值和结束数值。

然后测试你所改写的程序，包括所有错误的提示信息。例如：在不存在的目录中打开文件将导致文件打开错误。

1.	/*程序改写练习。源程序：SJXT10-1.C*/
2.	#include <stdio.h>
3.	#include <stdlib.h>
4.	#include <math.h>
5.	
6.	#define x_init 0.0
7.	#define x_final 1.0
8.	
9.	double f(double x)
10.	{
11.	return pow(x,3) - pow(x,2) - 3 * x + 12;
12.	} /*end f*/
13.	
14.	int main(void)

```
15.    {
16.        double x, y;
17.
18.        /*删除#define的宏定义*/
19.        /*将x_init和x_final重新定义为double类型的变量*/
20.        /*定义整型变量errno,用于保存调用fscanf( )函数的错误代码号*/
21.        /*定义用于读写输入文件和输出文件的流变量*/
22.
23.        printf("\n计算f(x)的在%f和%f之间的函数值！\n\n", x_init, x_final);
24.
25.        /*打开输入文件和输出文件*/
26.        /*从输入文件读取x_init和x_final的值*/
27.        /*检查读操作错误,如果出现错误,请提示相应信息并终止程序执行*/
28.
29.        /*改写下面一行,将其输出信息写到输出文件中而不是stdout*/
30.        printf("\n        x              y    \n\n");
31.
32.        for( x = x_init; x <= x_final ; x += 0.1){
33.            y = f(x);
34.
35.            /*改写下面一行,将其输出信息写到输出文件中而不是stdout*/
36.            printf("%8.2f     %15.2f\n", x, y);
37.        }
38.
39.        /*关闭流变量*/
40.
41.        system("PAUSE");
42.        return 0;
43.    }    /*end main*/
```

2. 字符串的保存

（1）程序 SJXT10-2-1.C 的功能是：从 shdin 读入两本书的名称，并写入到输出文件 my.out 中。

```
1.    /*保存两本书的名称到文件，错误版本。源程序：SJXT10-2-1.C*/
2.    #include <stdio.h>
3.    #include <stdlib.h>
4.
5.    int main(void)
6.    {
7.        char *bookname[2];
```

8.	FILE *fout;
9.	
10.	bookname[0] = (char *) malloc(81);
11.	bookname[1] = (char *) malloc(81);
12.	printf("请分两行输入两本书的名称\n");
13.	gets(bookname[0]);
14.	gets(bookname[1]);
15.	
16.	printf("您输入的两本书的名称是：\n%s\n%s\n", bookname[0],
17.	bookname[1]);
18.	
19.	if((fout = fopen("my.out","wb")) = =NULL){
20.	printf("文件打开错误！\n");
21.	exit(1);
22.	}
23.	
24.	fwrite(&bookname[0],sizeof(bookname[0]),2,fout);
25.	
26.	fclose(fout);
27.	
28.	system("PAUSE");
29.	return 0;
30.	} /*end main*/

问题：执行程序 SJXT10-2-1.C 时，输入书名为：
　　　The C↙
　　　English↙
　　　请分析此时指出程序写入到 my.out 中内容是：＿＿＿＿＿＿＿＿＿＿，并检查输出文件的实际内容。

（2）执行程序 SJXT10-2-2.C，读取文件 my.out（由程序 SJXT10-2-1.C 创建）的内容，并打印两本书的名称到屏幕上。

1.	/*读取并对应my.out的内容。源程序：SJXT10-2-2.C*/
2.	#include <stdio.h>
3.	#include <stdlib.h>
4.	
5.	int main(void)
6.	{
7.	char *bookname[2];
8.	FILE *fin;

9.	
10.	bookname[0] = (char *) malloc(81);
11.	bookname[1] = (char *) malloc(81);
12.	
13.	if((fin = fopen("my.out","rb")) = =NULL){
14.	printf("文件打开错误！\n");
15.	exit(1);
16.	}
17.	
18.	fread(&bookname[0],sizeof(bookname[0]),2,fout);
19.	
20.	printf("两本书的名称是：\n%s\n%s\n", bookname[0], bookname[1]);
21.	
22.	fclose(fin);
23.	
24.	system("PAUSE");
25.	return 0;
26.	} /*end main*/

问题：

- 运行程序 SJXT10-2-2.C 时，运行结果是：_____；
- 分析程序 SJXT10-2-2.C 能否正确打印执行程序 SJXT10-2-1.C 时输入的两本书的名称。
- 如果不能正确读取两本书的名称，请问程序 SJXT10-2-1.C 和程序 SJXT10-2-2.C 中错误出现在什么位置？错误原因是什么？请改正错误。

3. 编程练习

按照如下要求完成以下程序的编写工作：

a）根据题目要求设计程序测试计划。

b）编写程序。

c）请选择合适的测试用例，分别采用单步调试、断点调试和增加测试语句的方法调试你编写的程序，验证测试计划的合理性。

d）交付源程序和测试的输出结果。

（1）（计算和错误处理）请编写一个函数 cubie( )，计算并返回以下函数值：

$$f(x)=x^3 e^{x^* \sin(x)}$$

编写主函数读取并验证 experiment.in 文件中的一系列 x 的数值。如果从文件中读取的 x 数值不是数字、小于 0 或者大于 20，则在错误日志文件中写入错误性质和出错数据。如果输入有效，则调用函数 cubie( )并且将数字和函数值写入文件 experiment.out 中。

（2）（打印文件）请编写程序，输入一个文件名，分别按照八进制、十六进制和 ASCII 码方式在屏幕上输出文件的内容。（教材第 10 章习题 10.6）

（3）（文本文件转换）上机调试教材第 10 章习题 10.8。

（4）（图书管理系统）编写一个图书管理程序，实现：图书信息录入、图书浏览、图书信息修改、图书信息删除、图书信息查询等功能。要求图书信息包括：书名，作者，出版社，单价，库存数目，类别等，将这些图书信息保存到文件book.in文件中。

上机指导11　综合程序设计

目的：

1. 本次上机实验是高级语言程序设计课程的综合实验练习，相当于C语言课程设计。
2. 在初步掌握C语言基本概念和语法的基础之上，通过实践练习编写一个综合的C程序，提高编写大型程序的能力，帮助掌握模块化程序设计思想和一些基础的算法设计方法。
3. 通过本次实验，加强学生自主学习、收集资料和动手编程的能力，为后续专业课程打好基础。

要求：

1. 本次课程设计要求每人至少完成一个题目，题目可以选择本次实验指导中的参考题目，也可自行选题。
2. 可选择使用Turbo C、Dev C++或者Visual C++等任何一种熟悉的C语言开发环境。
3. 程序要求调试通过；课程设计结束后，需要完成课程设计报告一份。
4. 具体要求和课程设计报告模板可参考本课程网站上相关说明，课程网站地址是：http://jpkc.whu.edu.cn/jpkc2005/alprogram

参考内容：

1. 动态数据结构和文件操作

（1）（航班售票系统）请编程实现一个航班售票系统，要求完成以下功能：
- 该民航的航班数目不固定，要求提供增加航班和取消某个航班的功能。
- 可查询航班信息，程序可根据用户交互式输入的终到站名称，查询航班号、售票情况等航班信息。
- 乘客信息浏览，根据航班号，列出该航班已订票的乘客名单。
- 订票功能：可根据航班号为客户订票，如该航班有余票，则为客户订票；如该航班已满员，则显示相应信息。
- 退票功能：可按乘客要求退出已预定的机票。
- 提示：可以考虑采用链表创建航线表，对每个航班应包括以下信息：航班号、到达港、总座位数、余票额、乘客名单等。其中乘客名单是另外一个单链表，每个乘客的信息有：乘客姓名、证件号码、座位号等。为方便查找，可考虑按乘客姓名排序。

（2）（银行账户管理系统）请编写程序，实现一个银行账户管理系统。程序中要求建立二进制数据文件存储银行账户信息，其中每个用户账户信息中要求保存账号、用户身份证号码、用户姓名、用户地址、账户金额等。要求完成以下功能：
- 录入新账户；
- 查询账户情况，根据输入的账号查询用户情况和账户金额；
- 修改账户信息，要求用户输入账号，根据用户需要修改除了账号之外的其余信息；

- 删除账户：根据输入的账号找到要删除的账号信息，经确认后删除该账号信息。

（3）（学生管理系统）请编程实现一个图形方式下的学生信息管理系统。要求采用图形化界面作为背景，实现学生信息的查看、添加、删除、修改，计算平均成绩，保存学生信息等功能。程序中学生人数不固定。

（4）（电话簿管理系统）请编程实现一个电话簿管理系统，要求可存储的电话记录数目不限。程序可提供以下功能：电话记录和通信地址的录入、查询电话号码和通信地址、更新电话号码和通信地址、浏览电话号码和通信地址以及保存信息到文件等。

2. 算法设计

（1）（排序算法分析）请编程实现至少 4 种不同的排序算法，并分析比较它们的时间开销和占用资源上的优劣。通过实验对比，分析这些排序算法的使用范围的不同。

（2）（赛程安排问题）假设有 N 个运动员进行单循环赛，要求每个运动员都必须和所有其他运动员进行一次比赛，请编写一个赛程安排程序，试图为每个运动员安排比赛日程。要求每个运动员每天只进行一场比赛，且整个赛程在 N-1 天内结束。请选择一种合适的算法设计方法实现本程序，并说明选择这种方法的理由。

（3）（货郎担问题）设有 n 个城市，某个售货员现在某个城市中，请为此售货员设计一个回路，让该售货员访问每个城市一次，且仅一次，并返回出发的城市，并且使整个路径长度最短。请选择一种算法设计技术，编程找出这个问题的解答。

3. 仿 Windows 程序

（1）（万年历）请编写一个万年历程序，实现基本的万年历功能。要求完成以下功能：

- 日历显示功能：可根据系统日期进行初始化，如果没有任何输入，则显示系统日期所在月份的月历，并突出显示当前日期。
- 日期查询、闰年判断功能：可根据用户输入的日期进行查询，查询后显示查询日期所在月份的月历，并突出显示当前日期，并提示当年是否闰年。
- 要求支持键盘操作。
- 支持数据的合法性检查，对任何不合法输入数据，查询将被拒绝，并提示相应信息。

（2）（画图板）请编写一个画图板程序。该程序可提供基本画图功能（可绘制直线、矩形、圆等基本形状）、图形操作功能和文件保存功能。程序要求支持鼠标操作。

（3）（简易计算器）请编程实现一个简易的计算器程序，可完成四则运算（加、减、乘、除）和单目运算（平方根、取倒数、取百分数等）操作运算。

4. 游戏

（1）（俄罗斯方块）请用 C 语言编程实现常见的俄罗斯方块游戏。要求包含初始化新游戏，累积方块，消除方块，方块移动与变形，计分和调速等功能，方块界面和容器都可以自己设计。

（2）（五子棋）请编写一个五子棋游戏程序。要求程序提供图形化界面，玩家可以输入 F1-F5 选择人机对战模式，双人对战模式，保存当前游戏信息，读取游戏信息以及退出游戏选项。程序画出棋盘，可以通过键盘选择位置，进行下子。如果是人机对战模式，在玩家下完棋子后，电脑自动算出位置进行下棋子操作。当某一方的五个棋子连成一线时，能提示玩家某方获胜。

第二部分　C语言编程高级篇

第二部分的主题是C语言编程高级篇，以深化C语言程序设计为目的，以具体常见的计算机硬件和操作系统为背景，讲述在微机上编写美观、易用和精巧的应用程序。第二部分的内容包括：文本界面设计、图形图像处理、中断技术、网络通信编程和C99标准的新增功能等。

第三部分 ○讀言論思高致遠

○……

第7章  文本界面设计

界面显示是 C 程序设计中的基本问题之一，例如在一个指定窗口显示相关内容；在屏幕上插入或删除某些文本行；读取或设置光标位置；在各窗口之间以及窗口与内存之间移动文本。

本章介绍 Turbo C 基础开发环境下，在文本工作模式下控制屏幕的输出的一些函数，并以下拉式菜单为例说明文本界面设计的运用方法。

7.1 文本方式的控制

常用的一些控制台输入输出函数 printf( )、scanf( )、putchar( )和 getchar( )等基本上都是行卷动的，光标只能从左到右、从下到上移动，而不能向上或者向左移动。Turbo C 提供一系列文本模式下的屏幕处理函数，可以控制屏幕上的输出，这些函数包含在头文件 conio.h 中。

7.1.1 文本方式控制

显示器显示方式有文本方式和图形方式。文本方式是显示文本的模式，它的显示单位是字符而不是图形方式下的像素。屏幕上字符的显示位置使用行和列来指定的，在默认方式下，每屏为 80 列 25 行。Turbo C 规定屏幕的左上角的坐标为 1 行 1 列，屏幕的右下角坐标为 25 行 80 列。并规定沿水平方向为 X 轴，方向向右，代表列号；沿垂直方向为 Y 轴，方向向下，代表行号。

Turbo C 支持 5 种文本显示方式，可以用文本方式控制函数进行设置。文本方式控制函数的原型是：

void textmode(int newmode);

该函数的作用是清除屏幕，并将光标移动到屏幕的左上角。其中，newmode 表示文本显示方式，它可以写相应的整数代码或者方式名称，其具体代码和方式名称包括：

（1）0 或者 BW40：设置显示器为 40 列×25 行的黑白文本显示方式；

（2）1 或者 C40：设置显示器为 40 列×25 行的彩色显示方式；

（3）2 或者 BW80：设置显示器为 80 列×25 行的黑白显示方式；

（4）3 或者 C80：设置显示器为 80 列×25 行的彩色显示方式；

（5）7 或者 MONO：用于 MGA 显示器，设置显示器为 80 列×25 行的单色显示方式；

（6）-1 或者 LASTMODE：常用于在图形方式和文本方式的切换，设置显示器为上一次的显示方式。

上述的文本显示方式仅是 CGA 显示器特有的，它并不支持 EGA 和 VGA 显示器的 80 列×43 行的文本显示方式，更不支持 TVGA 的 132 列×60 行的文本显示方式，所以设置文本

显示方式时，EGA、VGA 和 TVGA 均工作在 CGA 仿真方式下。

例如，语句

textmode(C80);

的作用是将设置显示器为 80 列×25 行的 CGA 彩色显示方式。

7.1.2 文本方式颜色控制

为了控制文本显示的前景颜色（字符颜色）和背景颜色，Turbo C 提供控制颜色的函数。

1. 文本颜色设置函数

Turbo C 系统提供的 textcolor 函数用于设置字符颜色，其函数原型是：

void textcolor (int color);

其中，参数 color 表示设置显示的前景色名称或者编号，即字符显示的颜色名称或者编号，如表 7-1 所示。textcolor( )函数只能用在彩色显示方式下。

表 7-1　　　　　　　　　　颜　色　表

颜色名	值	显示色	用　处
BLACK	0	黑色	前景、背景色
BLUE	1	蓝色	前景、背景色
GREEN	2	绿色	前景、背景色
CYAN	3	青色	前景、背景色
RED	4	红色	前景、背景色
MAGENTA	5	洋红色	前景、背景色
BROWN	6	棕色	前景、背景色
LIGHTGRAY	7	淡灰色	用于前景色
DARKGRAY	8	深灰色	用于前景色
LIGHTBLUE	9	淡蓝色	用于前景色
LIGHTGREEN	10	淡绿色	用于前景色
LIGHTCYAN	11	淡青色	用于前景色
LIGHTRED	12	淡红色	用于前景色
LIGHTMAGENTA	13	淡洋红色	用于前景色
YELLOW	14	黄色	用于前景色
WHITE	15	白色	用于前景色
BLINK	128	闪烁	用于前景色

例如，语句

textcolor(14);

表示设置字符显示颜色为黄色，在这条语句之后的字符显示为黄色。

2. 文本背景颜色设置函数

Turbo C 系统提供的 textbackground( )函数用于设置字符显示方式下的屏幕背景颜色，其函数原型是：

void textbackground (int color);

该函数的作用是设置文本显示方式下的背景颜色，参数 color 是设置的背景颜色名称或编号，仅能选择表 7-1 中的前 8 种颜色，即值为 0~7。

例如，语句

textbackground(0);

的作用是设置背景颜色为黑色。

3. 文本属性设置函数

Turbo C 系统提供的 textattr( )函数用于设置字符显示的属性，其函数原型是：

void textattr (int attr);

该函数的作用是设置文本显示的属性，即字符显示的颜色、背景色、字符是否闪烁。参数 attr 是字符属性字节参数，用一个字节即 8 位来描述。attr 各位的含义如图 7-1 所示。

图 7-1　字符属性字节 attr 各位的含义

字符属性字节的低四位（0~3 位）表示前景色（即字符显示颜色），对应颜色值为 0~15；第 4~6 位的 3 位表示背景色，对应颜色值为 0~7；最高位第 7 位表示字符是否闪烁。

例如，要求在蓝色背景下显示红色的字符，可用以下语句来完成。

textattr(RED + (BLUE << 4)) ;

而如果希望设置为白色背景下显示闪烁的蓝色字符，则正确的语句为：

textattr((WHITE << 4) + BLUE + BLINK) ;

也可将上面的语句写成：

textattr((15 << 4) + 1 + 128) ;

其中 WHITE<<4 或者 15<<4 表示把 15 左移四位，即其对应的二进制值从第 0~3 位向左移动四位，移到第 4~6 位，恰是设置背景色的位。

7.1.3　字符显示亮度控制

Turbo C 中可以设置字符显示亮度为通常亮度、高亮度或者低亮度形式。

函数 highideo( )的作用是设置字符显示亮度为高亮度，其函数原型是：

void highvideo(void);

而函数 lowvideo( )用于设置字符显示亮度为低亮度，其函数原型是：

void lowvideo (void);

函数 normvideo( )用于设置通常亮度字符显示方式，其函数原型是：

void normvideo (void);

例如，以下语句段

textmode(C40);

textbackground(BLUE);

textcolor(WHITE);

highvideo( );

将显示器设置为 40 列×25 行彩色文本显示方式,背景色为蓝色,字符颜色为白色且高亮度显示。当然,这段语句仅对此后的程序输出文本起作用,而对之前已经显示的文本没有作用。如果希望这个语句段的设置立刻生效,可以马上运用清屏函数,清除屏幕上的信息。

7.1.4 清屏函数

Turbo C 提供以下三个清屏函数:

函数 clrscr( )的作用是清除当前窗口中的文本,并将光标移到窗口左上角处,即坐标(1,1)处。如果没有设置窗口时,系统默认整个屏幕为窗口,这时表示清除屏幕上的所有信息,并将那个光标定位到屏幕的左上角。clrscr( )的函数原型是:

void clrscr(void);

函数 clreol( )的作用是清除当前窗口中从光标位置开始到行尾的所有字符,但光标位置不变。函数 clreol( )的原型是:

void clreol(void);

函数 delline( )的作用是删除光标所在行的文本。该函数原型是:

void delline (void);

7.1.5 光标操作

gotoxy( )函数的作用是设置光标的位置,其函数原型是:

void gotoxy(int x, int y);

该函数的作用是把光标定位到窗口内的坐标(x, y)处,x、y 坐标是相对窗口而言,窗口左上角为坐标原点(0,0),x 表示列号,y 表示行号。

函数 wherex( )和 wherey( )的作用是读取光标的位置坐标值。它们的原型是:

int wherex(void);

int wherey(void);

【例题 7-1】 光标操作范例程序。

1.	/*光标操作范例程序。源文件:LT7-1.C*/
2.	/*Turbo C2.0下调试通过 */
3.	#include <stdio.h>
4.	#include <stdlib.h>
5.	#include <conio.h>
6.	
7.	int main(void)
8.	{
9.	clrscr( );
10.	gotoxy(10,10);
11.	cprintf("Current location is X: %d Y: %d\r\n", wherex( ), wherey( ));
12.	

```
13.        system("PAUSE");
14.        return 0;
15.   } /*main 函数结束*/
```

上面程序首先执行清屏操作，显示器工作在默认的 80 列×25 行的黑白文本显示模式，然后将光标定位在第 10 行、第 10 列处，最后读取光标当前的位置坐标值并显示。

7.2 窗口设置和文本输出函数

在文本方式下，如果没有进行窗口设置，则默认整个屏幕为显示窗口。当然，也可使用 Turbo C 提供的函数 window( )，根据需要来重新设定显示窗口的大小。窗口设置完成后，此后的控制台 I/O 操作，就可在此窗口内进行。

本节介绍文本方式下窗口设置函数和文本输出函数。

7.2.1 窗口设置函数

窗口设置函数 window( )用于设置窗口的位置和大小，其函数原型是：

void window(int x1,int y1,int x2, int y2);

其中，（xl, y1）为窗口的左上角坐标，（x2, y2）为窗口的右下角坐标。如果坐标超出屏幕坐标界限，则该窗口将不会被建立。

利用窗口函数可以在屏幕上定义多个不同窗口，以显示不同的信息，但最后一次定义的窗口为当前窗口，与窗口有关的操作函数，均在此窗口内进行。例如定义了一个窗口后，前面讲过的函数 textcolor、textbackground、textattr 将仅对当前窗口起作用。

7.2.2 控制台文本输出函数

之前介绍过的 printf( )、putc( )、puts( )、putchar( )等输出函数都是以整个屏幕作为显示窗口，采用行卷动方式工作，因此它们不受由 window 设置的窗口限制，也无法用函数控制采用这些输出函数显示的文本位置。

但是，Turbo C 提供了另外三个文本输出函数，这些函数受窗口的控制，窗口内当前光标所在位置，就是文本输出的位置。当输出行右边超过窗口右边界时，自动移到窗口内的下一行开始输出；当输出文本到达窗口底部边界时，窗口内的文本将自动产生上卷，直到完全输出完为止。

这三个输出函数的原型是：

int cprintf(char *format,...);

int cputs(cbar *str);

int putch(int ch);

它们的使用格式分别与库函数 printf( )、puts( )和 putc( )类似。其中，cprintf( )是将按指定格式化串来控制字符串或数据的输出，并显示在定义的窗口内部；其输出格式串 format 和 printf( )函数的格式符相同，唯一区别是它的输出受当前光标控制。

cputs( )函数的用法与 puts( )类似，唯一区别是 cputs( )是在窗口内输出一个字符串。而 putch ( )则是输出一个字符到定义的窗口内，它实际上是函数 putc 的一个宏定义，即将输出定向到屏幕。这三个函数均受当前光标的控制,每输出一个字符,光标后移一个字符位置。

7.2.3 状态查询函数

如果需要了解当前屏幕的显示方式,即当前窗口的坐标、当前光标的位置、文本的显示属性等,可以使用 Turbo C 中的函数 gettextinfo( ),其作用是读取当前屏幕的显示属性数据,该函数原型是:

void gettextinfo(struct text_info *f) ;

其中,函数的返回值有指针类型的形参 f 带出,这里的 struct text_info 结构类型是在 conio.h 头文件中定义的一个结构,该结构的定义是:

```
struct text_info{
    unsigned char winleft;       /* 窗口左上角 x 坐标  */
    unsigned char wintop;        /* 窗口左上角 y 坐标  */
    unsigned char winright;      /* 窗口右上角 x 标    */
    unsigned char winbottom;     /* 窗口左下角坐标     */
    unsigned char attributes;    /* 文本属性           */
    unsigned char normattr;      /* 通常属性           */
    unsigned char currmode;      /* 当前文本方式       */
    unsigned char screenheight;  /* 屏高               */
    unsigned char screenwidth;   /* 屏宽               */
    unsigned char curx;          /* 当前光标的二值     */
    unsigned char cury;          /* 当前光标的 Y 值    */
};
```

【例题 7-2】 窗口设置和文本输出范例程序。

```
1.   /*窗口设置和文本输出范例程序。源文件:LT7-2.C*/
2.   /*Turbo C2.0下调试通过                       */
3.   #include <stdio.h>
4.   #include <stdlib.h>
5.   #include <conio.h>
6.
7.   int main(void)
8.   {
9.       struct text_info ti;
10.
11.      /* clear the screen */
12.      clrscr( );
13.
14.      /* create a text window */
15.      window(10, 10, 80, 25);
16.
17.      /* output some text in the window */
```

18.	cprintf("Hello world\r\n");
19.	
20.	/*get and print text information*/
21.	gettextinfo(&ti);
22.	cprintf("window left %2d\r\n",ti.winleft);
23.	cprintf("window top %2d\r\n",ti.wintop);
24.	cprintf("window right %2d\r\n",ti.winright);
25.	cprintf("window bottom %2d\r\n",ti.winbottom);
26.	cprintf("attribute %2d\r\n",ti.attribute);
27.	cprintf("normal attribute %2d\r\n",ti.normattr);
28.	cprintf("current mode %2d\r\n",ti.currmode);
29.	cprintf("screen height %2d\r\n",ti.screenheight);
30.	cprintf("screen width %2d\r\n",ti.screenwidth);
31.	cprintf("current x %2d\r\n",ti.curx);
32.	cprintf("current y %2d\r\n",ti.cury);
33.	
34.	/* wait for a key */
35.	system("PAUSE");
36.	return 0;
37.	} /*main 函数结束*/

程序 LT7-2.C 在 Turbo C 2.0 中运行时，将从屏幕的第 10 行第 10 列开始显示如下的几行信息：

```
Hello world
window left       10
window top        10
window right      80
window bottom     25
attribute         7
normal attribute  7
current mode      3
screen height     25
screen width      80
current x         1
current y         2
Press any key to continue…
```

7.3 文本移动和存取函数

Turbo C 提供了一些屏幕操作函数，可以移动或者存取屏幕上的文本信息。

7.3.1 文本移动

函数 movetext( )的作用是将指定矩形内的文本移动到新的位置,其函数原型是:
void movetext(int x1,int y1,int x2,int y2,int x3,int y3);
该函数把屏幕上从左上角为(x1, y1)到右下角为(x2, y2)的矩形内文本,拷贝到左上角为(x3, y3)的新矩形区内。

7.3.2 文本存取

gettext( )函数和 puttext( )函数分别用于读取或者写屏幕上的文本信息。

1. 读取屏幕文本函数 gettext( )

函数 gettext( )的作用是读取屏幕上执行区域内的文本信息,其函数原型是:
void gettext(int x1, int y1, int x2, int y2, void buffer);*
该函数将把从左上角(x1, y1)到右下角为(x2, y2)的矩形区内的文本,读取出来并保存到由指针 buffer 指向的内存缓冲区内。

buffer 指向的缓冲区大小可以这样来计算:在屏幕上显示的一个字符需占显示存储器 VRAM 的两个字节,即第一个字节是该字符的 ASCII 码,第二个字节为属性字节,即表示其显示的前景、背景色及是否闪烁,如图 7-1 所示。所以,矩形区内的文本所占字节总数以通过如下公式计算:

buffer 指向的缓冲区字节总数 = 矩形内行数 * 每行列数 * 2

其中:

矩形内行数 = y2 - y1 + 1;

每行列数是指矩形内每行的列数,其计算方法是:

每行列数 = x2 - x1 + 1;

读取出来的矩形内文本字符,按照从左到右、从上到下的顺序保存到缓冲区内,且每个字符占连续两个字节。

2. 写文本到屏幕函数 puttext( )

函数 puttext( )的作用是写入文本到屏幕上的指定矩形内,其函数原型是:
void puttext(int x1, int y1, int x2, int y2, void buffer);*
该函数将把由 buffer 指针指向的缓冲区内文本,复制到屏幕上指定矩形区内,该矩形区左上角为(x1, y1),右下角为(x2, y2)。

7.4 文本方式创建亮条式菜单

【例题 7-3】 在 Turbo C2.0 环境中创建一个亮条式菜单的演示程序。

1. 问题描述:功能分析

此程序运行效果如图 7-2 所示。

由于本范例是一个演示程序,因此,程序中实现四个菜单项:
- 按 E 字母键或选择相应亮条后按回车键,表示退出程序运行状态;
- 按 A 字母键或选择相应亮条后按回车键,执行系统命令:dir
- 按 B 字母键或选择相应亮条后按回车键,执行系统命令:dir/p

● 按 C 字母键或选择相应亮条后按回车键，执行系统命令：dir/w

图 7-2 例题 7-3 的界面效果图

2. 数据结构设计

（1）定义键盘扫描码。

用户在使用本范例程序时，可能键入 A、B、C、E、Enter 和光标上下移动键，程序中需要定义各键盘扫描码，在程序中使用这些大写的键名，以代替扫描码的值，这样可以增加程序的可读性。

#define Key_DOWN 80
#define Key_UP 72
#define Key_A 30
#define Key_B 48
#define Key_C 46
#define Key_E 18
#define Key_ENTER 28

（2）定义变量。

主函数 main( )中定义两个变量，如下所示：

int ky, y;

其中，变量 ky 用于保存用户键入的按键对应的扫描码；变量 y 存储用户按键对应的菜单项数值，用 10、11、12、13 等整数值分别表示菜单项 exit、dir、dir/p、dir/w。

3. 算法与模块设计

本程序的函数调用图表如图 7-3 所示，除了主函数之外，还定义了三个自定义函数，其中，函数 key( )用来读取用户输入的键值，函数 downbar( )用来处理菜单中亮条菜单项的下移显示，函数 upbar( )用来处理亮条菜单项的上移显示处理。

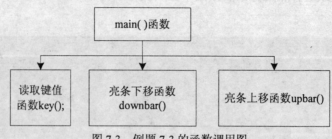

图 7-3 例题 7-3 的函数调用图

主函数的主要任务是显示亮条式菜单、读取用户输入键值、判断执行相应菜单项处理命令，其算法描述如表 7-2 所示。

表 7-2　　　　　　　　例题 7-3 的主函数算法描述

1. Step1：设置显示模式为 C80
2. Step2：绘制菜单的外边框代表的矩形（window(7,8,19,15)），颜色为红色
3. Step3：绘制菜单的内边框代表的矩形（window(8,9,18,14);），颜色为淡红色
4. Step4：把第一个菜单项 exit 显示为亮条
5. Step5：等待并读取用户输入键值，把相应扫描码保存到变量 ky 中
6. Step6：如果 ky 是 A、B、C、E 等字母键的扫描码，则转换成对于菜单项数值并保存到变量 y 中；并设置 ky 的值为 Key_ENTER
7. Step7：如果 ky 是光标下移或上移键，则调用 downbar( )或 upbar( )处理亮条的显示
8. Step8：如果用户按了回车键（ky 等于 Key_ENTER），则执行 Step9，否则执行 Step5
9. Step9：设置文本颜色为白色
10. Step10：如果 ky 等于 Key_ENTER，则执行 y 对应的菜单项的相应命令
11. Step11：如果 ky 等于 Key_ENTER，且 y 对应的菜单项是 exit，则执行 Step12，否则跳转到 Step5，继续执行程序
12. Step11：清屏并终止程序的执行

例题 7-3 的源代码如下所示：

```
1.   /**********************************************************/
2.   /*                  文本模式下的菜单程序                      */
3.   /*                  menu program in text mode              */
4.   /*                  源文件：LT7-3.c                         */
5.   /*                  开发平台：Turbo C2.0                    */
6.   /*                  Author: Tan chengyu   2009/09/16        */
7.   /**********************************************************/
8.
9.   #include <stdio.h>
10.  #include <stdlib.h>
11.  #include <process.h>
12.  #include <dos.h>
13.  #include<conio.h>
```

```
14.
15.     /*定义键盘扫描码：define keys scan code*/
16.     #define Key_DOWN 80
17.     #define Key_UP 72
18.     #define Key_A 30
19.     #define Key_B 48
20.     #define Key_C 46
21.     #define Key_E 18
22.     #define Key_ENTER 28
23.
24.     int key( );
25.     void upbar(int y);
26.     void downbar(int y);
27.
28.     int main( )
29.     {
30.         int ky, y;
31.         char ch;
32.         textbackground(0);
33.         clrscr( );
34.         do
35.         {
36.             textmode(C80); /*设置显示模式：set display mode*/
37.             textbackground(13); /*绘制菜单窗口：draw menu window*/
38.             textcolor(RED);
39.             window(7,8,19,15);/*打开窗口：open window*/
40.             clrscr( );
41.             textbackground(1);
42.             textcolor(LIGHTRED);
43.             window(8,9,18,14);
44.             clrscr( );
45.             /*显示菜单项：display menu items*/
46.             gotoxy(3,3); cprintf("E:exit\r\n");
47.             gotoxy(3,4); cprintf("A:dir\r\n");
48.             gotoxy(3,5); cprintf("B:dir/p\r\n");
49.             gotoxy(3,6); cprintf("C:dir/w\r\n");
50.             y = 10;
51.             upbar(y-1);    /*绘制亮条：draw light bar*/
52.
53.             do
54.             {
55.                 ky = key( );    /*选择菜单项：select menu*/
56.                 switch(ky){
57.                     case Key_A: y = 12-1, ky = Key_ENTER; break;
58.                     case Key_B: y = 13-1 , ky = Key_ENTER; break;
59.                     case Key_C: y = 14-1, ky = Key_ENTER; break;
60.                     case Key_E: y = 11-1, ky = Key_ENTER; break;
61.                     case Key_DOWN:    if(y<13) {
62.                                         upbar(y);
63.                                         y++;
64.                                       } break;
```

```
65.                    case Key_UP: if(y>10) {
66.                                 downbar(y);
67.                                 y--;
68.                             } break;
69.                        }
70.                    }while(ky!=Key_ENTER);
71.
72.                    textcolor(WHITE);
73.                    switch(y+1) {
74.                        case 11: ch='%';break;
75.                        case 12: system("cls"); system("dir"); getch( ); break;
76.                        case 13: system("cls"); system("dir/p"); getch( ); break;
77.                        case 14: system("cls"); system("dir/w"); getch( ); break;
78.                    }
79.                    if(ch= ='%')
80.                        break;
81.                    clrscr( );
82.               }while(1);
83.               clrscr( );
84.         }         /*main函数结束*/
85.
86.    /*function key:read char on key,return 16 bit scan code*/
87.    int key( )
88.    {
89.         int k;
90.         while(bioskey(1));
91.         k = bioskey(0);
92.         k = k & 0xff00;
93.         k = k >> 8;
94.         return k;
95.    }       /*key函数结束*/
96.
97.    /*function upbar:red bar down*/
98.    void upbar(int y)
99.    {
100.        int i;
101.        typedef struct texel_struct
102.                {
103.                    unsigned char ch;
104.                    unsigned char attr;
105.                }textl;
106.        textl t;
107.        for(i=9;i<=17;i++)
108.            {
109.                gettext(i,y,i,y,&t);
110.                t.attr = 0x1C;
111.                puttext(i,y,i,y,&t);
112.                gettext(i,y+1,i,y+1,&t);
113.                t.attr = 0x4f;
114.                puttext(i,y+1,i,y+1,&t);
115.            }
```

```
116.            gotoxy(3,y+1);
117.            return;
118.    }       /*upbar函数结束*/
119.
120.    /*function downbar:red bar up*/
121.    void downbar(int y)
122.    {
123.            int i;
124.            typedef struct texel_struct
125.                    {
126.                            unsigned char ch;
127.                            unsigned char attr;
128.                    }texel;
129.            texel t;
130.            for(i=9;i<=17;i++)
131.            {
132.                    gettext(i,y,i,y,&t);
133.                    t.attr = 0x1C;
134.                    puttext(i,y,i,y,&t);
135.                    gettext(i,y-1,i,y-1,&t);
136.                    t.attr = 0x4f;
137.                    puttext(i,y-1,i,y-1,&t);
138.            }
139.            gotoxy(3,y-1);
140.            return;
141.    }       /*downbar 函数结束*/
```

第 8 章 图形图像处理

图形程序设计是程序设计中较难且又最吸引人的部分之一。为了方便，不同的 C 编译系统自行提供了图形处理的库函数，用户只需在需要的时候，调用这些绘图库函数即可。但是这些绘图库函数不是 C 标准所要求的，因此不同 C 编译系统的绘图库函数可能存在区别。

Turbo C 提供了一个功能较强的绘图软件库，该库又被称为 BorLand 图形接口（BGI）。Turbo C 绘图软件库包括图形库文件（graphics.lib）、图形头文件（graphics.h）、图形显示器的驱动程序（例如 CGA、BGI、EGA、VGA、BGI 等），以及一些字符集的字体驱动程序（例如 goth.chr 黑体字符集等）。Turbo C 提供了非常丰富的图形函数，所有图形函数的原型均在 graphics.h 中，因此在编写画图程序时必须包括 graphics.h 头文件；在连接生成目标程序时，必须把 graphics.lib 连接到目标程序中去。

本章介绍 Turbo C 的绘图功能以及绘图库函数的使用方法。

8.1 图形图像的基本知识

计算机画图涉及图形显示器、驱动显示器的图形适配器（卡）等许多硬件知识，以及图形的一些基本概念、定义等，因而在学习如何在 Turbo C 中编写绘图程序之前，有必要简单地介绍一下图形图像的基本知识。

8.1.1 图形显示的坐标

显示器的屏幕如同一张坐标纸，在其上显示图形时，图形上任一点的位置均有确定的坐标，即可用 x、y 坐标值来表示。在显示器上绘制图形，通常有两种坐标体系：显示器的屏幕物理坐标、图形窗口坐标。

1. 屏幕物理坐标

以屏幕的左上角为屏幕坐标体系的原点，正 x 轴向右延伸，正 y 轴向下延伸，如同一个倒置的直角坐标系，其 x 和 y 坐标值均为大于等于 0 的整数值，其最大值则由显示器的类型和显示方式来确定。这种显示坐标被称为屏幕显示的物理坐标或绝对坐标。

2. 图形窗口坐标

图形窗口是指在物理坐标区间中开辟一个或多个区间，在每个区间内部又可定义一个相对坐标，该相对坐标体系以该区间左上角为坐标原点；在此区间内绘图，均可以此相对坐标来定义位置。这个坐标体系被称为图形窗口坐标。

例如，定义一个左上角坐标为（200, 50），右下角坐标为（400, 150）的一个区域为图形窗口。则以后处理图形时，就以其左上角为坐标原点（0, 0），右下角为坐标（200, 100）的坐标系来定位图形上各点位置。

8.1.2 像素

屏幕上显示的画面，在走近看时，会发现均由一些圆点组成，各点的亮度、颜色不同，这些点被称为像素，或称像点、像元，它们是组成图形的最小单位。像素的大小可以通过设置不同的显示方式来改变，像素在屏幕上的位置则可由其所在的 x、y 坐标值来决定。

图形模式下，是按像元来定义坐标的。对 VGA 适配器，它的最高分辨率为 640×480，其中 640 为整个屏幕从左到右所有像元的个数，480 为整个屏幕从上到下所有像元的个数。屏幕的左上角坐标为（0,0），右下角坐标为（639,479），水平方向从左到右为 x 轴正向，垂直方向从上到下为 y 轴正向。Turbo C 的图形函数都是相对于图形屏幕坐标，即像元来说的。满屏显示像素多少，决定了显示的分辨率高低。可以看出：像素越小（或个数越多），则显示的分辨率越高。

8.1.3 有关坐标位置的函数

Turbo C 通过以下的几个函数，可以读取 x、y 坐标的最大值，光标的坐标位置，或者移动光标位置。

函数 getmaxx( ) 的作用是读取并返回 x 轴的最大值，其函数原型是：

int far getmaxx(void);

函数 getmaxy( ) 的作用是读取并返回 y 轴的最大值，其函数原型是：

int far getmaxy(void);

函数 getx( ) 的作用是读取并返回光标的 x 坐标值，其函数原型是：

int far getx(void);

函数 gety( ) 的作用是读取并返回光标的 y 坐标值，其函数原型是：

void far gety(void);

函数 moveto( ) 的作用是移动光标到指定位置(x, y)点，不是画点，在移动过程中亦画点。其函数原型是：

void far moveto(int x, int y);

函数 moverel( ) 的作用是移动光标从现行位置（x, y）移动到（x+dx, y+dy）的位置，移动过程中不画点。其函数原型是：

void far moverel(int dx, int dy);

8.2 图形方式的控制

Turbo C 提供一系列图形模式下的屏幕处理函数，可以控制屏幕上的输出，这些函数包含在头文件 graphics.h 中。

8.2.1 图形系统的初始化

在未设置图形模式之前，微机系统默认屏幕为文本模式（80 列、25 行字符模式），此时所有图形函数均不能工作。不同的显示适配器有不同的图形分辨率，即使同一显示适配器，在不同模式下也有不同的分辨率。因此，在屏幕作图之前，必须根据显示适配器种类将显示器设置成某种图形模式，这是通过图形系统的初始化来完成的。

在进入图形方式前,首先必须在程序中对使用的图形系统进行初始化,以便明确需要使用的图形显示适配器类型、图形方式的工作模式以及相应图形驱动程序的路径。当然,所用系统的显示适配器一定要支持所选用的显示模式,否则将出错。

Turbo C 提供了一个图形系统初始化函数 initgraph 可完成这些图形系统的初始化工作。其函数原型是:

void far initgraph(int far *gdriver, int far *gmode, char *path);

其中,gdriver 和 gmode 分别表示图形驱动器和模式,path 是指图形驱动程序所在的目录路径。有关图形驱动器、图形模式的符号常数及对应的分辨率参见表 8-1。

图形驱动程序由 Turbo C 出版商提供,文件扩展名为.BGI。根据不同的图形适配器有不同的图形驱动程序。例如对于 EGA、VGA 图形适配器就调用驱动程序 EGAVGA.BGI。

表 8-1　　　　Turbo C 中图形驱动器、模式的符号常数及数值

图形驱动器 gdriver		图形模式 gmode		色调	分辨率
符号常数	数值	符号常数	数值		
CGA	1	CGAC0	0	C0	320×200
		CGAC1	1	C1	320×200
		CGAC2	2	C2	320×200
		CGAC3	3	C3	320×200
		CGAHI	4	2色	640×200
MCGA	2	MCGAC0	0	C0	320×200
		MCGAC1	1	C1	320×200
		MCGAC2	2	C2	320×200
		MCGAC3	3	C3	320×200
		MCGAMED	4	2色	640×200
		MCGAHI	5	2色	640×480
EGA	3	EGALO	0	16色	640×200
		EGAHI	1	16色	640×350
EGA64	4	EGA64LO	0	16色	640×200
		EGA64HI	1	4色	640×350
EGAMON	5	EGAMONHI	0	2色	640×350
IBM8514	6	IBM8514LO	0	256色	640×480
		IBM8514HI	1	256色	1024×768
HERC	7	HRECMONOHI	0	2色	720×348
ATT400	8	ATT400C0	0	C0	320×200
		ATT400C1	1	C1	320×200
		ATT400C2	2	C2	320×200
		ATT400C3	3	C3	320×200
		ATT400MED	4	2色	320×200
		ATT400HI	5	2色	320×200

续表

图形驱动器 gdriver		图形模式 gmode		色　调	分辨率
符号常数	数　值	符号常数	数　值		
VGA	9	VGALO	0	16色	640×200
		VGAMED	1	16色	640×350
		VGAHI	2	16色	640×480
PC3270	10	PC3270HI	0	2色	720×350
DETECT	0	用于硬件测试			

【例题 8-1】 使用图形初始化函数设置 VGA 高分辨率图形模式。

```
1.  /*使用图形初始化函数设置VGA高分辨率图形模式    */
2.  /*源文件：LT8-1-1.C                            */
3.  /*Turbo C2.0下调试通过                         */
4.  #include <stdio.h>
5.  #include <graphics.h>
6.
7.  int main( )
8.  {
9.      int gdriver, gmode;
10.
11.     gdriver=VGA;
12.     gmode=VGAHI;
13.     initgraph(&gdriver, &gmode, "d:\\turboc2");
14.     bar3d(100, 100, 300, 250, 50, 1);       /*画一长方体*/
15.
16.     getch( );
17.     closegraph( );
18.     return 0;
19. }   /*main 函数结束*/
```

如不初始化成 EGA 或 CGA 分辨率，而想初始化为 CGA 分辨率，则只需要将上述步骤中有 EGAVGA 的地方用 CGA 代替即可。

有时编程者并不知道所用的图形显示器适配器种类，或者需要将编写的程序用于不同图形驱动器，Turbo C 提供了一种简单的方法，即设置参数 gdriver 取值为 DETECT，然后调用图形初始化函数 initgraph( )即可。采用这种方法后，上例可改为：

```
1.  /*使用图形初始化函数设置图形模式               */
2.  /*源文件：LT8-1-2.C                            */
3.  /*Turbo C2.0下调试通过                         */
4.  #include <stdio.h>
5.  #include <graphics.h>
```

```
6.
7.      int main( )
8.      {
9.          int gdriver=DETECT, gmode;
10.
11.         initgraph(&gdriver, &gmode, "d:\\turboc2");
12.         bar3d(100, 100, 300, 250, 50, 1);      /*画一长方体*/
13.
14.         getch( );
15.         closegraph( );
16.         return 0;
17.     }   /*main 函数结束*/
```

8.2.2 退出图形状态

此外，Turbo C 提供了退出图形状态的函数 closegraph( )，其函数原型是：

void far closegraph(void);

调用该函数后可退出图形状态而进入文本方式（Turbo C 默认方式），并释放用于保存图形驱动程序和字体的系统内存。

8.2.3 独立图形运行程序的建立

Turbo C 对于用 initgraph( )函数直接进行的图形初始化程序，在编译和链接时并没有将相应的驱动程序（*.BGI）装入到执行程序，当程序进行到 intitgraph( )语句时，再从该函数中第三个形式参数 char *path 中所规定的路径中去找相应的驱动程序。若没有驱动程序，则在 Turbo C 工作目录（例如 C:\TC）中去找，如在 Turbo C 工作目录中仍没有或 TC 不存在，将会出现如下的错误信息：

BGI Error: Graphics not initialized (use 'initgraph')

因此，为了使用方便，应该建立一个不需要驱动程序就能独立运行的可执行图形程序，Turbo C 中规定用下述步骤（这里以 EGA、VGA 显示器为例）。

（1）在 Turbo C 工作目录（例如 C:\TC）输入命令（命令式方式下运行）：

BGIOBJ EGAVGA

此命令将驱动程序 EGAVGA.BGI 转换成 EGAVGA.OBJ 的目标文件。

（2）在 Turbo C 工作目录（例如 C:\TC）下输入命令：

TLIB LIB\GRAPHICS.LIB+EGAVGA

此命令的意思是将 EGAVGA.OBJ 的目标模块装到 GRAPHICS.LIB 库文件中。

（3）在程序中 initgraph( )函数调用之前加上下面的语句：

registerbgidriver(EGAVGA_driver);

该函数告诉连接程序，在连接时把 EGAVGA 的驱动程序装入到用户的执行程序中。

经过上面的处理后，编译链接后的执行程序可在任何目录或其他兼容机上运行。

例如，假设已进行了前两个步骤，然后在程序 LT8-1-2.C 第 11 行之前插入如下语句行：

registerbgidriver(EGAVGA_driver);   /*建立独立图形运行程序 */
重新编译链接后产生的执行程序可独立运行。

8.2.4 恢复显示方式和清屏函数

Turbo C 提供了两个图形方式下的清屏函数，分别可以清除整个屏幕或者图形窗口中的内容。

函数 cleardevice( )的作用是清除图形屏幕，其函数原型是：

void far cleardevice(void);

函数 clearviewport( )的作用是清除图形窗口中的内容，其函数原型是：

void far clearviewport(void);

8.2.5 图形方式下的颜色控制函数

对于图形模式的屏幕颜色设置，同样分为背景色的设置和前景色的设置。在 Turbo C 中分别用函数 setbkcolor( )和 setcolor( )来设置背景色和前景色。

函数 setbkcolor( )的作用是设置图形方式下的背景色，其函数原型是：

void far setbkcolor(int color);

函数 setcolor( )的作用是设置前景色，即作图色；其函数原型是：

void far setcolor(int color);

其中，color 为图形方式下颜色的规定数值；对 EGA, VGA 显示器适配器，有关颜色的符号常数及数值参见表 7-1 中颜色编号 0～15 所示。

对于 CGA 适配器，背景色可以为表 7-1 中编号从 0～15 的 16 种颜色中的一种，但前景色依赖于不同的调色板。共有四种调色板，每种调色板上有四种颜色可供选择。不同调色板所对应的原色见表 8-2。

另外，TURBO C 也提供了几个获得现行颜色设置情况的函数，它们分别是：

函数 getbkcolor( )可读取并返回现行背景颜色值，其函数原型是：

int far getbkcolor(void);

函数 getcolor( )可读取并返回现行前景色即作图颜色值，其函数原型是：

int far getcolor(void);

函数 getmaxcolor( )可读取并返回最高可用的颜色值，其函数原型是：

int far getmaxcolor(void);

表 8-2   CGA 调色板与颜色值表

调色板		颜色值			
符号常数	数值	0	1	2	3
C0	0	背景	绿	红	黄
C1	1	背景	青	洋红	白
C2	2	背景	淡绿	淡红	黄
C3	3	背景	淡青	淡洋红	白

8.2.6 图形窗口和图形屏幕函数

1. 图形窗口操作

就像文本方式下可以设定屏幕窗口一样，图形方式下也可以在屏幕上某一区域设定窗口，只是设定的为图形窗口而已，其后的有关图形操作都将以这个图形窗口的左上角(0,0)作为坐标原点，而且可为通过设置使窗口之外的区域为不可接触。这样，所有的图形操作就被限定在窗口内进行。

（1）设置图形窗口。

函数 setviewport( )的作用是设置图形窗口，其函数原型是：

void far setviewport(int x1,int y1,int x2, int y2,int clipflag);

表示设定一个以（xl, yl）像素点为左上角,（x2, y2）像素点为右下角的图形窗口，其中 x1、y1、x2、y2 是相对于整个屏幕的坐标。如果 clipflag 为非 0，表示设定的图形以外部分不可接触；如果 clipflag 为 0，则图形窗口以外是可以接触。

可以用之前介绍的 clearviewport( )清除现行图形窗口的内容。

（2）获取现行图形窗口信息。

函数 getviewport( )的作用是读取并保存当前图形窗口的信息，其函数原型是：

*void far getviewsettings(struct viewporttype far * viewport);*

获得的关于现行窗口的信息，将其存于 viewporttype 定义的结构变量 viewport 中，其中 viewporttype 的结构说明如下：

```
struct viewporttype{
    int left, top, right, bottom;
    int cliplag;
};
```

（3）关于图形窗口的几点说明。

图形窗口颜色的设置与前面讲过的屏幕颜色设置相同，但屏幕背景色和窗口背景色只能是一种颜色，如果窗口背景色改变，整个屏幕的背景色也将改变，这与文本窗口不同。

可以在同一个屏幕上设置多个窗口，但只能有一个现行窗口工作，要对其他窗口操作，通过将定义那个窗口的 setviewport( )函数再用一次即可。

前面讲述过的图形屏幕操作函数均适合于对窗口的操作。

2. 图形屏幕操作

除了清屏函数以外，关于屏幕操作还有以下函数：

（1）选择激活页。

setctivepage( )函数是为图形输出选择激活页。所谓激活页是指后续图形的输出被写到函数选定的 pagenum 页面，该页面并不一定可见。setctivepage( )函数原型是：

void far setactivepage(int pagenum);

（2）设置可见页。

选择激活页之后，应当调用 setvisualpage( )函数设置可见页。其函数原型是：

void far setvisualpage(int pagenum);

setvisualpage( )函数才使 pagenum 所指定的页面变成可见页。页面从 0 开始（Turbo C 默认页）。如果先用 setvisualpage( )函数在不同页面上画出一幅幅图像，再用 setvisualpage( )函数交替显示，就可以实现一些动画的效果。

setvisualpage( )和 setvisualpage( )函数只用于 EGA、VGA 以及 HERCULES 图形适配器。

（3）图形屏幕存取函数。

函数 getimage( )用于复制屏幕上的图像到内存缓冲区 mapbuf 中，其函数原型是：

void far getimage(int x1,int y1, int x2,int y2, void far *mapbuf);

其中，（x1, y1）和（x2, y2）指出图形窗口的边界；mapbuf 指向用于保存屏幕内容的缓冲区。

函数 putimage( )用于将内存缓冲区中的内容写到屏幕上，其函数原型是：

void far putimge(int x,int,y,void * mapbuf, int op);

其中，mapbuf 指向的缓冲区中保存着需要写到屏幕上的内容，(x, y) 是屏幕图形窗口的左上角坐标，而参数 op 规定如何释放内存中图像。参数 op 的含义参见表 8-3。

表 8-3　　　　　　　　　　　putimage( )函数中的 op 值

符号常数	颜色值	含　义
COPY_PUT	0	复制
XOR_PUT	1	与屏幕图像异或的复制
OR_PUT	2	与屏幕图像或后复制
AND_PUT	3	与屏幕图像与后复制
NOT_PUT	4	复制反像的图形

函数 imagesize( )的作用是测试并保存图形窗口中的内容，其函数原型是：

unsigned far imagesize(int x1,int y1,int x2,int y2);

其中，（x1, y1）和（x2, y2）指出图形窗口的边界。imagesize( )函数只能返回字节数小于 64K 字节的图像区域，否则将会出错。出错时返回-1。

这三个函数用于将屏幕上的图像复制到内存，然后再将内存中的图像送回到屏幕上。首先需要调用函数 imagesize( )，测试要保存左上角为(x1,y1)，右上角为(x2, y2)的图形屏幕区域内的全部内容需多少个字节；然后，再给 mapbuf 分配一个所测字节内存空间的指针。此外，可以通过调用 getimage( )函数将该区域内的图像保存在内存中。以后在需要时，可以调用 putimage( )函数将该图像输出到左上角为点(x, y)的位置上。

本节介绍的函数在图像动画处理、菜单设计技巧中非常有用。

【例题 8-2】　编程实现程序模拟两个小球动态碰撞过程。

1.	/*模拟两个小球动态碰撞过程　　　　　　　　　　*/
2.	/*源文件：LT8-2.C
3.	/*Turbo C2.0下调试通过　　　　　　　　　　　*/
4.	#include<stdio.h>
5.	#include<graphics.h>
6.	
7.	int main( )
8.	{
9.	int i, gdriver, gmode, size;

```
10.        void *buf;
11.
12.        /*图形方式初始化*/
13.        gdriver=DETECT;
14.        initgraph(&gdriver, &gmode, "");
15.
16.        /*设置背景色*/
17.        setbkcolor(BLUE);
18.        cleardevice( );
19.        /*设置作图色*/
20.        setcolor(LIGHTRED);
21.
22.        /*设置线型*/
23.        setlinestyle(0,0,1);
24.        /*设置填充色*/
25.        setfillstyle(1, 10);
26.        /*画圆:即画小球*/
27.        circle(100, 200, 30);
28.        /*填充有界区域*/
29.        floodfill(100, 200, 12);
30.        /*实现动画效果*/
31.        size = imagesize(69, 169, 131, 231);
32.        buf = malloc(size);
33.        getimage(69, 169, 131, 231,buf);
34.        putimage(500, 269, buf, COPY_PUT);
35.
36.        for( i = 0; i < 185; i++){
37.            putimage( 70 + i, 170, buf, COPY_PUT);
38.            putimage( 500 − i, 170, buf, COPY_PUT);
39.        }
40.
41.        for( i = 0; i < 185; i++){
42.            putimage( 255 − i, 170, buf, COPY_PUT);
43.            putimage( 315 + i, 170, buf, COPY_PUT);
44.        }
45.
46.        getch( );
47.        closegraph( );
48.        return 0;
49.    } /*main 函数结束*/
```

8.3 图形函数

编写图形程序时，首先要对程序中要求使用的图形系统初始化，对背景色和前景色等进行颜色设置和清屏。然后就可以使用基本图形函数完成相应图形的绘制，并调用填充函数对封闭图形进行填充等。当然，在画图时需要定位，移动开始画图的位置，这时可使用 8.1.3 节中介绍的相关函数。本节介绍基本绘图、填充和线型等图形函数。

8.3.1 基本图形函数

1. 画点函数

画点函数的原型是：

void far putpixel(int x, int y, int color);

该函数表示在指定的像素画一个点，该点的显示颜色由 color 来控制。对于颜色 color 的值可从表 7-1 中获得，而对 x, y 是指图形像素的坐标。

另外，一个画点函数 getpixel( )的作用是读取当前点的颜色值。其函数原型是：

int far getpixel(int x, int y);

2. 画线函数

画点函数的功能是从一个点到另一个点用设定的颜色画一条直线。下面三个画线函数的区别是起始点的设置方法不同。

（1）两点之间的画线函数。

函数 line( )画一条从点(x0, y0)到(x1, y1)的直线。其函数原型是：

void far line(int x0, int y0, int x1, int y1);

（2）从现行光标位置到某点的画线函数。

函数 lineto( )画一条从现行光标位置到点(x, y)的直线。其函数原型是：

void far lineto(int x, int y);

（3）从现行光标位置到某增量位置点的画线函数。

函数 linerel( )的作用是画一条从现行光标(x, y)到按相对增量确定的点(x+dx, y+dy)的直线。其函数原型是：

void far linerel(int dx, int dy);

3. 画矩形和条形图函数

（1）画矩形函数。

画矩形函数 rectangle( )以(x1, y1)为左上角，(x2, y2)为右下角画一个矩形框。其函数原型是：

void far rectangle(int x1, int y1, int x2, int y2);

（2）画条形图函数。

画条形图函数 bar( )以(x1, y1)为左上角，(x2, y2)为右下角画一个实形条状图，没有边框，图的颜色和填充模式可以设定。若没有设定，则使用缺省模式。该函数原型是：

void bar(int x1, int y1, int x2, int y2);

4. 画圆、椭圆和圆弧函数

（1）画圆函数。

画圆函数 circle( )以(x, y)为圆心、以 radius 为半径画圆。该函数原型是：

void far circle(int x, int y, int radius);

（2）画椭圆函数。

画椭圆函数 ellipse( )以(x, y)为中心，以 xradius、yradius 为 x 轴和 y 轴半径，从角 stangle 开始到 endangle 结束画一段椭圆线，当 stangle=0、endangle=360 时，画出一个完整的椭圆。该函数原型是：

void ellipse(int x, int y, int stangle, int endangle, int xradius, int yradius);

（3）画圆弧函数。

画弧线函数 arc( )以(x, y)为圆心，radius 为半径，从 stangle 开始到 endangle 结束（用度表示）画一段圆弧线。在 TURBO C 中规定 x 轴正向为 0 度，逆时针方向旋转一周，依次为 90 度、180 度、270 度和 360 度。该函数原型是：

void far arc(int x, int y, int stangle, int endangle, int radius);

5. 画多边形函数

画多边形函数 drawpoly( )画一个顶点数为 numpoints，各顶点坐标由 polypoints 给出的多边形。polypoints 整型数组是多边形所有顶点(x,y)坐标值，即一系列整数对，每一个顶点的坐标都定义为(x, y)，并且 x 在前。值得注意的是，当画一个封闭的多边形时，numpoints 的值取实际多边形的顶点数加 1，并且数组 polypoints 中第一个和最后一个点的坐标相同。该函数原型是：

void far drawpoly(int numpoints, int far *polypoints);

【例题 8-3】 编写程序，调用画多边形函数 drawpoly( )绘制一个箭头。

1.	/*调用画多边形函数绘制箭头 */
2.	/*源文件：LT8-3.C */
3.	/*Turbo C2.0下调试通过 */
4.	#include<stdio.h>
5.	#include<graphics.h>
6.	#include<stdlib.h>
7.	
8.	int main( )
9.	{
10.	int gdriver, gmode, i;
11.	int arw[16]={ 200, 102, 300, 102, 300, 107, 330,
12.	100, 300, 93, 300, 98, 200, 98, 200, 102};
13.	
14.	gdriver=DETECT;
15.	initgraph(&gdriver, &gmode, "");
16.	
17.	setbkcolor(BLUE);
18.	cleardevice( );
19.	

20.	setcolor(12);	/*设置作图颜色*/
21.	drawpoly(8, arw);	/*画一箭头*/
22.		
23.	getch( );	
24.	closegraph( );	
25.	return 0;	
26.	}	/*main 函数结束*/

8.3.2 封闭图形的填充

在用 Turbo C 提供的基本图形函数画出一个封闭的图形后，可以使用填充函数，按设定的颜色和模式进行填充。

1. 设定填充方式

Turbo C 有四个与填充方式有关的函数，它们分别是：设置填充样式和颜色函数、自定义填充图模函数、读取填充样式和颜色函数以及读取填充图模函数。

（1）设置填充样式和颜色。

函数 setfillstyle( )的作用是设置填充样式和颜色，其函数原型是：

void far setfillstyle(int pattern, int color);

其中，color 是填充颜色的有效值，实际上就是调色板寄存器索引号。pattern 是填充样式，其取值如表 8-4 所示。

表 8-4　　　　setfillstyle( )函数中的填充样式（pattern）值

符号常数	颜色值	含义
EMPTY_FILL	0	用背景色填充
SOLID_FILL	1	用单色实填充
LINE_FILL	2	用"—"线填充
LTSLASH_FILL	3	用"//"线填充
SLASH_FILL	4	用粗"//"线填充
BKSLASH_FILL	5	用"\\"线填充
LTBKSLASH_FILL	6	用粗"\\"线填充
HATCH_FILL	7	用方网格线填充
XHATCH_FILL	8	用斜网格线填充
INTTERLEAVE	9	用间隔点填充
WIDE_DOT_FILL	10	用稀疏点填充
CLOSE_DOT_FILL	11	用密集点填充
USER_FILL	12	用户定义样式填充

表 8-4 中除 USER_FILL（用户定义填充样式）以外，其他填充样式均可由 setfillstyle( )函数设置。当选用 USER_FILL 时，该函数对填充图模和颜色不作任何改变。之所以定义

USER_FILL，主要因为在获得有关填充信息时用到此项。

（2）用户自定义填充图模。

函数 setfillpattern( )的作用是用用户定义的图形模板（简称填充图模）填充其后绘制的封闭图形。其函数原型是：

*void far setfillpattern(char * upattern, int color);*

其中，upattern 是一个指向 8 个字节的指针，指向用户自定义的填充图模。用户自定义的填充图模是一个用 8 个字节定义的 8×8 点阵图形；其中每个字节的 8 位二进制数表示水平 8 点，8 个字节表示 8 行，然后以此为模型作为填充图模。color 为填充颜色值。

（3）读取现行填充样式和颜色值。

函数 getfillsettings( )的作用是获得现行图模的颜色并将存入结构指针变量 fillinfo 中。该函数原型是：

*void far getfillsettings(struct fillsettingstype far * fillinfo);*

其中，fillsettingstype 结构定义如下：

```
struct fillsettingstype{
    int pattern;        /* 现行填充模式 */
    int color;          /* 现行填充颜色 */
};
```

（4）读取现行填充图模。

函数 getfillpattern( )的作用是读取用户定义的填充图模存入 upattern 指针指向的内存区域。该函数原型是：

*void far getfillpattern(char * upattern);*

2. 任意封闭图形的填充

Turbo C 还提供了一个可对任意封闭图形填充的函数 floodfill( )，其函数原型是：

void far floodfill(int x, int y, int border);

其中：(x, y) 为封闭图形内的任意一点坐标。border 为边界的颜色值，也就是封闭图形轮廓的颜色。调用了该函数后，将用规定的颜色和图模填满整个封闭图形。需要提醒的是，请注意以下几点：

（1）如果 x 或 y 取在边界上，则不进行填充。

（2）如果不是封闭图形则填充会从没有封闭的地方溢出去，填满其他地方。

（3）如果 x 或 y 在图形外面，则填充封闭图形外的屏幕区域。

（4）由 border 指定的颜色值必须与图形轮廓的颜色值相同。但填充色可选任意颜色。

3. 与填充函数有关的作图函数

设置填充方式之后，就可以为一些特定形状的封闭图形进行填充。除了前面介绍过的画条形图函数 bar( )之外，还有以下一些函数：

（1）画扇形图函数 pieslice( )，其原型是：

void far pieslice(int x, int y, int stangle, int endangle, int radius);

该函数以 (x, y) 为圆心，以 radius 为半径，以 stangle 为起始角，以 endangle 为结束角画一个扇形图。扇形图的填充模式和颜色可以预先设定，否则为默认模式。

（2）画三维立体直方图函数 bar3d( )，其原型是：

void far bar3d(int x1, int y1, int x2, int y2, int depth, int topflag);

当 topflag 为非 0 时，画出一个三维的长方体。当 topflag 为 0 时，三维图形不封顶，实际上很少这样使用。长方体第三维的方向不随任何参数而变，即始终为 45 度的方向。

（3）画椭圆扇形函数 sector( )，其原型是：

void far sector(int x, int y, int stangle, int endangle, int xradius, int yradius);

该函数以（x, y）为圆心，分别以 xradius 和 yradius 为 x 轴和 y 轴半径，以起始角 stangle 开始到 endangle 角结束，画一个椭圆扇形图，并按设置的填充模式和颜色填充。

（4）画椭圆图函数 fillellipse( )，其原型是：

void far fillellipse(int x, int y, int xradius, int yradius);

该函数以（x, y）为圆心，分别以 xradius 和 yradius 为 x 轴和 y 轴半径，画一个椭圆图，并按设置的填充模式和颜色填充。

（5）画多边形函数 fillpoly( )，其原型是：

*void far fillpoly(int numpoints, int far *polypoints);*

该函数画出一个顶点数为 numpoints，各顶点坐标由 polypoints 给出的多边形，当画出的是封闭图形时，顶点数应该是多边形顶点数加 1，且第 1 个顶点坐标和最后一个顶点坐标相同。

【例题 8-4】 封闭图形的填充范例程序。

```
1.   /*填充函数范例程序。源文件：LT8-4.C            */
2.   /*Turbo C2.0下调试通过                        */
3.   #include <stdio.h>
4.   #include<graphics.h>
5.
6.   int   main(void)
7.   {
8.       char str[8] = {10,20,30,40,50,60,70,80}; /*用户定义图模*/
9.       int gdriver,gmode,i;
10.      struct fillsettingstype save;   /*定义一个用来存储填充信息的结构变量*/
11.
12.      gdriver = DETECT;
13.      initgraph(&gdriver,&gmode,"");
14.
15.      setbkcolor(BLUE);
16.      cleardevice( );
17.
18.      for(i = 0;i < 13;i++){
19.          setcolor( i + 3 );
20.          setfillstyle( i, 2 + i );          /* 设置填充类型*/
21.          bar(100,150,200,50);               /*画矩形并填充*/
22.          bar3d(300,100,500,200,70,1);       /* 画长方体并填充*/
23.          pieslice(200, 300, 90, 180, 90);   /*画扇形并填充*/
24.          sector(500,300,180,270,200,100);   /*画椭圆扇形并填充*/
```

```
25.         delay(30000);                        /*延时*/
26.     }
27.
28.     cleardevice( );
29.     setcolor(14);
30.     setfillpattern(str, RED);
31.     bar(100,150,200,50);
32.     bar3d(300,100,500,200,70,0);
33.     pieslice(200,300,0,360,90);
34.     sector(500,300,0,360,100,50);
35.     getch( );
36.     getfillsettings(&save);          /*获得用户定义的填充模式信息*/
37.     closegraph( );
38.     clrscr( );
39.     printf("The pattern is %d, The color of filling   is   %d",
40.             save.pattern, save.color);   /*输出目前填充图模和颜色值*/
41.     getch( );
42. }   /* main 函数结束*/
```

8.3.3 设定线型

Turbo C 中默认线型是一个像素宽的实线，当没有设定线的宽度时，取默认值。可以调用 Turbo C 提供的设定线型函数，改变线型，即线的宽度和形状。Turbo C 中线的宽度只有两种选择：一个像素宽和三个像素宽；而线的形状则有五种：如表 8-5 和表 8-6 所示。

表 8-5　　　　　　　　　　直线的形状（linestyle）

符号名	值	含　义
SOLID_LINE	0	实线
DOTD_LINE	1	点线
CENTER_LINE	2	中心线
DASHED_LINE	3	点画线
USERBIT_LINE	4	用户自定义线

表 8-6　　　　　　　　　　线宽（thickness）

符号名	值	含　义
SOLID_LINE	0	实线
DOTD_LINE	1	点线
CENTER_LINE	2	中心线
DASHED_LINE	3	点画线
USERBIT_LINE	4	用户自定义线

1. 改变线型函数

改变线型函数的原型是：

void far setlinestyle(int linestyle, unsigned upattern, int thickness);

其中 linestyle 是线型参数，见表 8-5；thickness 是线的宽度参数，见表 8-6。upattern 参数只有在 linestyle 取值为 USERBIT_LINE 或者 4 时才有意义（选其他线型时，uppattern 取 0 即可）；将 upattern 表示成 16 位二进制数，则每一位代表一个像素，如果该位为 1，则该像素点用前景色显示（实际显示出来），如果为 0，表示该像素点用背景色显示（实际没有显示）。

2. 获取当前画线的线型信息函数

函数 getlinesettings( )的作用是读取并保存当前画线的线型信息，其函数原型是：

*void far getlinesettings(struct linesettingstype far *lineinfo);*

该函数将有关画线的信息存放到由 lineinfo 指向的结构中，linesettingstype 的结构如下：

```
struct linesettingstype{
    int linestyle;
    unsigned upattern;
    int thickness;
};
```

8.4 图形方式下的文本输出

在图形模式下，只能用标准输出函数，如 printf( )、puts( )、putchar( )函数输出文本到屏幕。除此之外，其他输出函数（如窗口输出函数）不能使用，即使可以输出的标准函数，也只以前景色为白色，按 80 列、25 行的文本方式输出。所以，Turbo C2.0 提供了一些专门用于在图形显示模式下的文本输出函数。

8.4.1 文本输出函数

文本输出函数可以在图形方式下输出文本。

1. 当前位置输出文本函数

当前位置输出文本函数的原型是：

*void far outtext(char far *textstring);*

该函数把字符串指针 textstring 所指的文本输出在当前位置。该函数不能定位，只能在当前位置输出字符串。

2. 定位文本输出函数

定位文本输出函数的原型是：

*void far outtextxy(int x, int y, char far *textstring);*

该函数把字符串指针 textstring 所指的文本输出在规定的（x，y）位置。

3. 文本输出定位函数

文本输出定位函数的原型是：

void far settexjustify(int horiz, int vert);

该函数用于定位输出字符串。

对使用 outtextxy( )函数输出的字符串，其中哪个点对应于定位坐标(x, y)在 Turbo C2.0 中是有规定的。如果把一个字符串看成一个长方形的图形，在水平方向显示时，字符串长方形按垂直方向可分为顶部、中部和底部三个位置，水平方向可分为左、中、右三个位置，两者结合就有 9 个位置。

settextjustify( )函数的第一个参数 horiz 指出水平方向三个位置中的一个，第二个参数 vert 指出垂直方向三个位置中的一个，二者就确定了其中一个位置。当规定了这个位置后，用 outtextxy( )函数输出字符串时，字符串长方形的这个规定位置就对准函数中的(x, y)位置。

而对用 outtext( )函数输出字符串时，这个规定的位置就位于现行光标的位置。有关参数 horiz 和 vert 的取值参见表 8-7。

表 8-7　　　　　　　　　　参数 horiz 和 vert 的取值

符号常数	值	含　　义	用　　途
LEFT_TEXT	0	输出左对齐	水平（horiz）
RIGHT_TEXT	2	输出右对齐	水平（horiz）
BOTTOM_TEXT	0	底部对齐	垂直（vert）
TOP_TEXT	2	顶部对齐	垂直（vert）
CENTER_TEXT	1	中心对齐	水平（horiz）或者垂直（vert）

8.4.2　格式化输出字符串函数

outtext( )和 outtextxy( )这两个函数都是用于输出字符串，但经常会遇到输出数值或其他类型的数据，此时就必须使用格式化输出字符串函数 sprintf( )。sprintf( )函数的原型是：

int sprintf(char *string, char *format, variable-list);

其中，format 是格式串，它把输出项 variable_list 的值按照格式 format，输出到 string 指定的字符串中去。它与 printf( )函数不同之处是将按格式化规定的内容写入 string 指向的字符串中，返回值等于写入的字符个数。

例如：

sprintf(s, "your TOEFL score is %d", mark);

这里 s 应是字符串指针或数组，mark 为整型变量。

8.4.3　定义文本字型

使用图形方式下的文本输出函数，可以通过 setcolor( )函数设置输出文本的颜色。另外，也可以改变文本字体大小以及选择是水平方向输出还是垂直方向输出。定义文本字型函数 settextstyle( )的原型是：

void far settextstyle(int font, int direction, int charsize);

该函数用来设置输出字符的字形（由 font 确定）、输出方向（由 direction 确定）和字符大小（由 charsize 确定）等特性。Turbo C2.0 对函数中各个参数的规定如表 8-8、表 8-9 和表 8-10 所示。

表 8-8　　　　　　　　　　　　　　font 的取值

符号常数	值	含　义
DEFAULT_FONT	0	8×8 字符点阵（默认值）
TRIPLEX_FONT	1	三倍笔画字体
SMALL_FONT	2	小字笔画字体
SNASSERIF_FONT	3	无衬线笔画字体
GOTHIC_FONT	4	黑体笔画字体

表 8-9　　　　　　　　　　　　　direction 的取值

符号常数	值	含　义
HORIZ_DIR	0	水平输出
VERT_DIR	1	垂直输出

表 8-10　　　　　　　　　　　　　charsize 的取值

符号常数或值	含　义	符号常数或值	含　义
1	8×8 点阵	7	56×56 点阵
2	16×16 点阵	8	64×64 点阵
3	24×24 点阵	9	72×72 点阵
4	32×32 点阵	10	80×80 点阵
5	40×40 点阵	USER_CHAR_SIZE=0	用户自定义字符大小
6	48×48 点阵		

　　settextstyle( )函数，可以设定图形方式下输出文本字符的字体和大小，但对于笔画型字体（除 8×8 点阵字以个的字体），只能在水平和垂直方向以相同的放大倍数放大。为此 Turbo C2.0 又提供了另外一个 setusercharsize( )函数，对笔画字体可以分别设置水平和垂直方向的放大倍数。该函数的原型是：

　　void far setusercharsize(int mulx, int divx, int muly, int divy);
该函数用来设置笔画型字和放大系数，它只有在 settextstyle( )函数中的 charsize 为 0（或 USER_CHAR_SIZE）时才起作用，并且字体为函数 settextstyle( )规定的字体。调用函数 setusercharsize( )后，每个显示在屏幕上的字符都以其缺省大小乘以 mulx/divx 为输出字符宽，乘以 muly/divy 为输出字符高。

　　【例题 8-5】　图形方式下的文本输出范例程序。

```
1.    /*图形方式下的文本输出范例程序。              */
2.    /*源文件：LT8-4.C                              */
3.    /*Turbo C2.0下调试通过                         */
4.    #include <stdio.h>
5.    #include<graphics.h>
6.
7.    int  main(void)
8.    {
9.        int i, gdriver, gmode;
10.       char s[30];
11.
12.       gdriver = DETECT;
13.       initgraph(&gdriver, &gmode, "");
14.
15.       setbkcolor(BLUE);
16.        cleardevice( );
17.
18.       setviewport(100, 100, 540, 380, 1); /*定义一个图形窗口*/
19.       setfillstyle(1, 2);       /*绿色以实填充*/
20.       setcolor(YELLOW);
21.       rectangle(0, 0, 439, 279);
22.       floodfill(50, 50, 14);
23.        setcolor(12);
24.
25.       settextstyle(1, 0, 8);    /*三重笔画字体，水平放大倍*/
26.       outtextxy(20, 20, "Good Better");
27.       setcolor(15);
28.       settextstyle(3, 0, 5);    /*无衬笔画字体，水平放大倍*/
29.       outtextxy(120, 120, "Good Better");
30.       setcolor(14);
31.        settextstyle(2, 0, 8);
32.
33.       i = 620;
34.       sprintf(s, "Your score is %d", i); /*将数字转化为字符串*/
35.       outtextxy(30, 200, s);      /*指定位置输出字符串*/
36.       setcolor(1);
37.       settextstyle(4, 0, 3);
38.        outtextxy(70, 240, s);
39.
40.       getch( );
41.       closegraph( );
42.       return 0;
43.    }  /* main函数结束*/
```

8.5 动画技术

利用人的视觉暂留这一生理特点，即对动态的图像变化，仅能分辨出时间间隔为 25 毫秒左右的变化，若太快，则分辨不出了，因而可以用类似电影的方法，将一个图像分解成不可时间出现的图像，然后一张张快速呈现在屏幕上，从视觉效果上看，就如同这些画面在连续变化一样，因而给人以动的视觉感觉。

在屏幕上制作动画，这也是目前热门的题目。动画技术是计算机图形学中的一个内容，它可用于游戏娱乐，辅助教学，科学实验模拟、论证、仿真等计算机辅助设计（CAD）。

8.5.1 动态开辟图视口的方法

在位置动态变化，但大小不变的图视口中（用 setviewport( )函数）。设置固定图形（也可是微小变化的图像），这样呈现在观察者面前的是当前图视口位置在动态变化，因而在屏上看到的图像就好像在动态变化一样.采用这种方式对较复杂图形不宜，因在图视口内画这种图形要占较长时间，这样图视口位置切换的时间就变得较长，因而动画效果就变差。

8.5.2 利用显示页和编辑页交替变化

将当前显示页和编辑页分开(用 setvisualpage( )和 setactivepage( )函数)，在编辑页上画好图形后，立即令该页变为显示页显示，然后在下次的显示页上(现在变为编辑页)进行画图，画好后，又再次交换，如此编辑页和显示页反复地交换，在观察者的视觉上，就出现了动画的效果。要让页的交替速度快，唯一的办法是缩短在页上的画图时间（即采用优化的画法）。

【例题 8-6】 利用显示页和编辑页交替变化，编程实现一个动画范例程序，实现文本"Welcome"看起来是从小到大、从远到近的动态显示在屏幕中央的效果。

```
1.    /*利用显示页和编辑页交替变化实现动画效果。        */
2.    /*源文件：LT8-6.C                              */
3.    /*Turbo C 2.0中调试通过                         */
4.    #include <stdio.h>
5.    #include <graphics.h>
6.
7.    int   main(void)
8.    {
9.        int graphdriver = VGA;
10.       int graphmode = VGAMED;
11.       int i, height, width;
12.       unsigned char *ptext = "Welcome";
13.
14.       initgraph(&graphdriver, &graphmode, "");
15.       settextjustify(LEFT_TEXT, TOP_TEXT);
16.       cleardevice( );
17.
```

```
18.        for( i = 1; i < 11; i++){
19.            setvisualpage(0);
20.            setactivepage(1);
21.            cleardevice( );
22.            setcolor(12);
23.            setbkcolor(BLUE);
24.            settextstyle(TRIPLEX_FONT, HORIZ_DIR, i);
25.            width = textwidth(ptext);
26.            height = textheight(ptext);
27.            outtextxy( (639 - width) / 2, 175 - height/2, ptext);
28.            setvisualpage(1);
29.            setactivepage(0);
30.            cleardevice( );
31.            setcolor(10);
32.            settextstyle(TRIPLEX_FONT, HORIZ_DIR, i++);
33.            width = textwidth(ptext);
34.            height = textheight(ptext);
35.            outtextxy( ( 639 - width) / 2, 175 - height / 2 , ptext);
36.            delay(30000);
37.        }
38.
39.        getch( );
40.        closegraph( );
41.        return 0;
42.    }    /*main函数结束*/
```

8.5.3 利用画面存储再重放技术

如同制作幻灯片一样,将整个动画过程变成一个个片断,然后存到显示缓冲区内,当把它们按顺序重放到屏幕上时,就出现了动画效果,这可以用 getimage( )和 putimage( )函数来实现,这种方法较前两种都快,因它已事先将要重放的画面画好了。余下的问题,就是计算应在什么位置重放的问题了。

【例题 8-7】 利用画面存储再重放技术,编程实现另一个动画范例程序,实现屏幕上左右两个洋红色小球碰撞、弹回、又碰撞等效果。

```
1.    /*利用画面存储再重放技术实现动画效果。            */
2.    /*源文件: LT8-7.C                                */
3.    /*Turbo C 2.0中调试通过                          */
4.    #include <stdio.h>
5.    #include <stdlib.h>
6.    #include <graphics.h>
```

```
7.
8.      int    main(void)
9.      {
10.         int graphdriver = DETECT;
11.         int graphmode ;
12.         int i, size;
13.         void *buffer;
14.
15.         initgraph(&graphdriver, &graphmode, "");
16.         setbkcolor(BLUE);
17.         cleardevice( );
18.         setcolor(YELLOW);
19.         setlinestyle(0, 0, 1);
20.         setfillstyle(1, 5);
21.         circle(100, 200, 30);
22.         floodfill(100, 200, YELLOW);
23.         size = imagesize(69, 169, 131, 231);
24.         buffer = malloc(size);
25.         getimage(69,169,131,231,buffer);
26.         putimage(500, 169, buffer, COPY_PUT);
27.
28.         do{
29.             for( i = 0; i < 185; i++){
30.                 putimage( 70 + i, 170, buffer, COPY_PUT);
31.                 putimage( 500 - i, 170, buffer, COPY_PUT);
32.             }
33.             for( i = 0; i < 185; i++){
34.                 putimage(255 - i, 170, buffer, COPY_PUT);
35.                 putimage( 315 + i, 170, buffer, COPY_PUT);
36.             }
37.          }while(!kbhit( ));
38.
39.         getch( );
40.         closegraph( );
41.         return 0;
42.     }  /*main函数结束*/
```

8.5.4 利用对图像动态存储器进行操作

利用显示适配器上控制图像显示的各种寄存器和图像存储器 VRAM，对其进行直接操作和控制，从而可以高效快速的实现动画效果，这可以用汇编语言，直接进行 BIOS 调用(适配器上的 EGA/VGA ROM BIOS 一视频基本输入输出系统调用)来实现，但这涉及许多硬件结构，有一定难度，这里就不作介绍了。

8.6 电子时钟

【例题 8-8】 在 Turbo C 图形模式下编程实现一个电子时钟程序，该程序可以显示一个模拟时钟运转的时钟和一个显示时间的数字钟表，并且可以修改当前时间。

1. 问题描述：功能分析

电子时钟的运行界面效果如图 8-1 所示，其包含的功能有：

（1）模拟时钟：电子时钟的右边显示有一个模拟运转的时钟，其时针、分针和秒针显示在当前时间相应的位置上，并随时间而运转。

（2）数字时钟：模拟时钟的下方显示有一个数字时钟。在数字时钟中显示有一个竖线形状的光标，该光标指示的位置就是允许修改数据的位置，例如小时、分针或秒钟。

（3）帮助提示信息：电子时钟的左边显示有提示信息，主要包括按键的功能提示、软件版本信息等。

（4）用户按键处理：按 Tab 键移动数字时钟中光标的位置，使得光标在时、分和秒之间顺序跳转；按 Up 和 Down 键表示将光标处的时间增加 1 个单位或者减少 1 个单位；按 Esc 键退出程序的运行。

（5）扬声器声音：随着模拟时钟的运转，程序发出类似于真实时钟运转的滴答声。

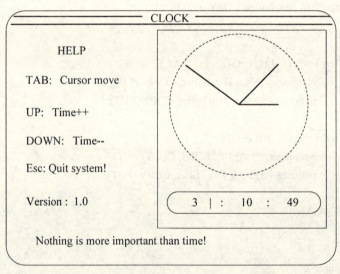

图 8-1 例题 8-8 电子时钟的界面效果示意图

2. 数据结构设计

电子时钟中主要数据结构是时间数据类型和数字时钟中小时、分、秒在屏幕上的位置值。在 Turbo C 的 dos.h 头文件中定义了 time 结构类型，可用来保存系统的当前时间，本程序使用 time 结构类型定义存储当前时间的变量。

（1）时间结构类型。

time 结构类型的定义形式如下所示：

struct time{

```
    unsigned int ti_hour;      /*小时*/
    unsigned int ti_min;       /*分钟*/
    unsigned int ti_sec;       /*秒钟*/
    unsigned int ti_hund;      /*百分之一秒*/
};
```

（2）全局变量。

本例题实现的电子时钟程序中定义了如下的变量分别用于存储当前时间数据的全局变量和时钟指针显示的坐标值，分别说明如下：

```
double h, m, s;              /*全局变量：小时，分，秒*/
double x, x1, x2, y, y1, y2; /*坐标值*/
struct time t[1];            /*定义一个 time 类型的数组*/
```

其中，h、m、s 用于保存当前时间的小时、分和秒的数据。由于这三个变量将参与坐标值的计算，为了确保计算精度，因此定义为 double 类型。(x,y) 代表时钟的坐标值，(x1,y1) 代表分针的坐标值，而 (x2,y2) 代表秒针的坐标值。time 类型的数字 t[1]用于保存当前时间。

（3）宏。

本程序中定义了几个常量（宏），分别表示圆周率以及键盘上的上移键、下移键、Esc 键和 Tab 键的扫描码。

```
#define PI 3.1415926
#define UP 0x4800           /*上移键：修改时间*/
#define DOWN 0x5000         /*下移键：修改时间*/
#define Esc 0x11b           /*Esc 键：退出系统*/
#define TAB 0xf09           /*Tab 键：移动光标*/
```

3. 功能模块设计

按照功能划分，电子时钟主要由四大功能模块组成：电子时钟界面显示模块、电子时钟动画显示模块、电子时钟按键控制模块、数字时钟处理模块。

（1）主函数和电子时钟界面显示模块。

电子时钟界面显示模块是在调用时钟运行处理之前完成的，主要调用 line( )、arc( )、outtextxy( ) 和 circle( ) 等函数来绘制主窗口和电子时钟界面。模拟时钟的时间刻度是用大小不同的圆来表示的，而三根长度不同的但其一端点处在同一个位置（即模拟时钟的圆心）的直线分别表示时针、分针和秒针。

由于电子时钟界面显示模块的功能较为简单，因此该模块是直接编写在主函数中。主函数执行流程如表 8-11 所示。

表 8-11　　　　　　　　　电子时钟的主函数算法描述

1. Step1：调用 initgraph( )，进入图形模式
2. Step2：绘制主窗口界面
3. Step3：绘制电子时钟界面
4. Step4：绘制帮助界面
5. Step5：调用 clockhandle( ) 时钟处理程序
6. Step6：退出系统

（2）电子时钟动画处理模块。

时钟动画处理模块是本程序的核心，它负责实现时钟运转的模拟，这是通过时针、分针和秒针在相应时间处的擦除和随后的重绘工作来实现动画效果的。其中的关键在于指针终点坐标值的计算。

时钟动画处理模块就是程序中的 clockhandle( ) 函数，其函数原型如下所示：

void clockhandle( );　　　　/*时钟处理*/

① 指针运转时终点坐标值的计算。

时针、分针和秒针的共同端点位于模拟时钟的圆心处。虽然时针、分针和秒针的长度不一，但是它们每次转动的弧度是相同的。时钟运转时，如果秒针转动 60 次（即 1 圈），则分针转动 1 次（即 1/60 圈）；如果分针转动 60 次，则时针转动 5 次（即 1/12 圈）；如果分针转动 1 次（即 1/60 圈），则时针转动 1/(60×12)圈。

如图 8-2 所示，假设圆心坐标为（rx, ry），圆的半径为 r，秒针从 12 点位置转动到 K 点位置处，α 代表夹角。这样可以计算出 K 点坐标值为（x + r sinα , y − r cosα ）。

假设 a、b、c 分别代表时针、分针和秒针的长度。那么时针、分针和秒针的另一端端点的坐标值分别为（ rx + a sinα , ry − a cosα ）、（rx + b sinα , ry − b cosα）、（rx + c sinα , ry − c cosα），α 取值范围是 0～2π。

本程序中 a、b、c 的取值分别为 50、80、98 个像素。如果小时、分钟和秒钟取值分别为 h、m、s，则 α 的取值分别为（h×60 + m）×2π /（60×12）、m×2π / 60 、s×2π / 60。将 α 的取值带入上述的计算公式，即可计算三个时钟指针的终点坐标值。

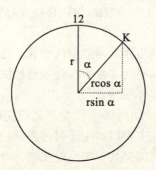

图 8-2　时钟指针终点坐标值计算示意图

② 时钟动画的处理流程。

时钟动画处理模块 clockhandle( ) 函数的处理流程如表 8-12 所示。

（3）电子时钟按键控制模块。

电子时钟按键控制模块包括键盘控制函数 keyhandle( )、上移键处理函数 timeupchange( )、下移键处理函数 timedownchange( )，它们的函数原型分别是：

int keyhandle(int, int);　　　/*键盘按键判断，并调用相关函数处理*/
int timeupchange(int);　　　　/*处理上移键*/

表 8-12 　　　　　　　时钟动画处理模块 clockhandle( )函数算法描述

1. Step1：取得相应当前时间，将其保存在 t 中
2. Step2：进入循环语句，直到用户按了 Esc 键才退出循环
3. Step3：打开计算机扬声器，发出嘀嗒声，并利用循环产生 1 秒的延时
4. Step4：清除原来的秒针，绘制从圆心到新终点处的秒针，并更新数字时钟的秒钟值
5. Step5：如果分钟有变化，则清除原来的分针，绘制新的分针，并更新数字时钟中的分钟值
6. Step6：如果小时值有变化，则清除原来的时针，绘制新的时针，并更新数字时钟中的小时值
7. Step7：调用 bioskey( )，获取用户的按键值，如果为 Esc 键，则退出从 Step2 开始的循环；如果是其他键，则跳转到 Step2
8. Step8：退出时钟动画处理函数

　　　int timedownchange(int);　　　　/*处理下移键*/

其中，keyhandle( )是键盘按键判断函数，它根据输入的键值，判断后进行相应的处理工作，其算法描述如表 8-13 所示。

表 8-13 　　　　　　　电子时钟按键判断处理函数 keyhandle( )算法描述

1. Step1：如果用户按下 Tab 键，则调用 clearcursor( )函数清除数字时钟中前一个位置的光标，然后调用 drawcursor( )函数在新位置处绘制一个光标
2. Step2：如果用户按了光标上移键，则调用 timeupchange( )函数增加相应的时、分和秒的数值
3. Step3：如果用户按了光标下移键，则调用 timedownchange( )函数减少相应的时、分和秒的数值
4. Step4：如果用户按了 Esc 键，退出程序的执行

本程序中用到的键盘处理库函数参见第 9 章中的相关说明。

（4）数字时钟处理模块。

数字时钟处理模块包括 digithour( )函数、digitmin( )函数、digitsec( )函数、digitclock( )函数、drawcursor( )函数和 clearcursor( )函数。它们的原型如下所示：

　　　int digithour(double);　　　　　/*将 double 型的小时数转换为 int 型*/
　　　int digitmin(double);　　　　　 /*将 double 型的分钟数转换为 int 型*/
　　　int digitsec(double);　　　　　 /*将 double 型的秒钟数转换为 int 型*/
　　　void digitclock(int, int, int); /*在指定位置显示时钟或分钟或秒钟数*/
　　　void drawcursor(int);　　　　　 /*绘制一个光标*/
　　　void clearcursor(int);　　　　　/*消除前一个光标*/

其中，digitclock( )函数负责为数字时钟显示小时、分和秒的数值。drawcursor( )函数负责绘制一个光标。

```
1.   /*********************************************/
2.   /*演示内容：图形模式、动画处理、键盘编程          */
3.   /*源文件：LT8-8.C                             */
4.   /*Turbo C 2.0中调试通过                        */
5.   /*********************************************/
6.   #include <stdio.h>
7.   #include <math.h>
8.   #include <graphics.h>
9.   #include <dos.h>
10.
11.  /*定义常量*/
12.  #define PI 3.1415926
13.  #define UP 0x4800          /*上移键：修改时间*/
14.  #define DOWN 0x5000        /*下移键：修改时间*/
15.  #define Esc 0x11b          /*Esc键：退出系统*/
16.  #define TAB 0xf09          /*Tab键：移动光标*/
17.
18.  /*函数声明*/
19.  int keyhandle(int, int );   /*键盘按键判断，并调用相关函数处理*/
20.  int timeupchange(int);      /*处理上移键*/
21.  int timedownchange(int);    /*处理下移键*/
22.  int digithour(double);      /*将double型的小时数转换为int型*/
23.  int digitmin(double);       /*将double型的分钟数转换为int型*/
24.  int digitsec(double);       /*将double型的秒钟数转换为int型*/
25.  void digitclock(int, int, int);   /*在指定位置显示时钟或分钟或秒钟数*/
26.  void drawcursor(int);       /*绘制一个光标*/
27.  void clearcursor(int);      /*消除前一个光标*/
28.  void clockhandle( );        /*时钟处理*/
29.
30.  double h, m, s;             /*全局变量：小时，分，秒*/
31.  double x, x1, x2, y, y1, y2;   /*坐标值*/
32.  struct time t[1];           /*定义一个time类型的数组*/
33.
34.  /*主函数*/
35.  int   main(void)
36.  {
37.       int driver, mode = 0, i, j;
38.       driver = DETECT;       /*自动检测显示设备*/
39.       initgraph(&driver, &mode, "");   /*初始化图形系统*/
40.
41.       setlinestyle(0, 0, 3);  /*设置当前画线宽度和类型：设置三点宽实线*/
```

42.	setbkcolor(9);	/*设置当前画线颜色*/
43.	line(82, 430, 558, 430);	
44.	line(70, 62, 70, 418);	
45.	line(82, 50, 558, 50);	
46.	line(570, 62, 570, 418);	
47.	line(70, 62, 570, 62);	
48.	line(76, 56, 297, 56);	
49.	line(340, 56, 564, 56);	/*画主体框架的边直线*/
50.		
51.	arc(82, 62, 90, 180, 12);	
52.	arc(558, 62, 0, 90, 12);	
53.	setlinestyle(0, 0, 3);	
54.	arc(82, 418, 180, 279, 12);	
55.	setlinestyle(0, 0, 3);	
56.	arc(558, 418, 270, 360, 12);	/*画主体框架的边角弧线*/
57.		
58.	setcolor(15);	
59.	outtextxy(300, 53, "CLOCK");	
60.	setcolor(7);	
61.	rectangle(342, 72, 560, 360);	/*画一个矩形作为时钟的框架*/
62.	/*规定画线的方式：mode=0，表示画线时将所画位置的用来信息覆盖*/	
63.	setwritemode(0);	
64.	setcolor(15);	
65.	outtextxy(433, 75, "clock");	/*时钟的标题*/
66.	setcolor(7);	
67.	line(392, 310, 510, 310);	
68.	line(392, 330, 510, 330);	
69.	arc(392, 320, 90, 270, 10);	
70.	arc(510, 320, 270, 90, 10);	/*绘制电子动画时钟下的数字时钟的边框架*/
71.	/*绘制数字时钟的时分秒的分隔符*/	
72.	setcolor(5);	
73.	for(i = 431; i <= 470; i += 39)	
74.	for(j = 317; j <= 324; j += 7){	
75.	setlinestyle(0, 0, 3);	
76.	circle(i,j,1);	/*以（i,y）为圆心，1为半径画圆*/
77.	}	
78.	setcolor(15);	
79.	line(424, 315, 424, 325);	/*在运行电子时钟先画一个光标*/
80.	/*绘制表示小时的原点*/	
81.	for(i = 0, m = 0; i <= 59; i++, h++){	
82.	x = 100 * sin((h * 60 + m) / 360 * PI) + 451;	

```
83.              y = 200 - 100 * cos(( h * 60 + m ) / 360 * PI );
84.              setlinestyle(0, 0, 3);
85.              circle(x,y,1);
86.          }
87.      /*绘制表示分钟或秒钟的原点*/
88.          for( i = 0, m = 0; i <= 59; i++, m++){
89.              x = 100 * sin( m / 30 * PI )   + 451;
90.              y = 200 - 100 * cos( m / 30 * PI );
91.              setlinestyle(0, 0, 3);
92.              circle(x,y,1);
93.          }
94.      /*在电子表的左边打印帮助提示信息*/
95.          setcolor(4);
96.          outtextxy(184, 125, "HELP");
97.          setcolor(15);
98.          outtextxy(182, 125, "HELP");
99.          setcolor(5);
100.         outtextxy(140, 185, "TAB:Cursor move");
101.         outtextxy(140, 225, "UP:Time++");
102.         outtextxy(140, 265, "DOWN:Time--");
103.         outtextxy(140, 305, "Esc:Quit System!");
104.         outtextxy(140, 345, "Version: 1.0");
105.         setcolor(12);
106.         outtextxy(150, 400, "Nothing is more important than time!");
107.
108.         clockhandle( );     /*开始调用时钟处理程序*/
109.
110.         closegraph( );
111.         return 0;
112.     }  /*main函数结束*/
113.
114. /*函数clockhandle：时钟动画处理模块*/
115. void clockhandle( )
116. {
117.     int k = 0, count;
118.     setcolor(15);
119.     gettime(t);     /*取得系统时间，保存在time结构类型的数组变量中*/
120.     h = t[0].ti_hour;
121.     m = t[0].ti_min;
122.     x = 50 * sin(( h * 60 + m )/ 360 * PI ) + 451;      /*时针的x坐标值*/
123.     y = 200 - 50 * cos(( h * 60 + m )/ 360 * PI);       /*时针的y坐标值*/
```

```
124.         line( 451, 200, x, y);        /*在电子表中绘制时针*/
125.
126.         x1 = 80 * sin ( m / 30 * PI ) + 451;      /*分针的x坐标值*/
127.         y1 = 200 - 80 * cos(  m / 30 * PI);       /*分针的y坐标值*/
128.         line( 451, 200, x1, y1);      /*在电子表中绘制分针*/
129.
130.         digitclock(408, 318, digithour(h));    /*在数字时钟中显示当前小时值*/
131.         digitclock(446, 318, digitmin(m));     /*在数字时钟中显示当前分钟值*/
132.         setwritemode(1);
133.         for( count = 2; k != Esc ; ){     /*开始循环,直到用户按下Esc键结束循环*/
134.             setcolor(12);
135.             sound(500);     /*打开扬声器,指定频率Hz*/
136.             delay(700);     /*发出频率为Hz的音调,维持毫秒*/
137.             sound(200);
138.             delay(300);
139.             /*以上两种频率的音调可模拟钟表转动时的滴答声*/
140.             nosound( );     /*关闭扬声器*/
141.             s = t[0].ti_sec;
142.             m = t[0].ti_min;
143.             h = t[0].ti_hour;
144.
145.             x2 = 98 * sin( s / 30 * PI ) + 451;
146.             y2 = 200 - 98 * cos( s /30 * PI );
147.             line(451, 200, x2, y2);
148.             /*绘制秒针*/
149.
150.             /*利用此循环,延时1秒*/
151.             while( t[0].ti_sec == s && t[0].ti_min == m && t[0].ti_hour == h )
152.             {
153.                 gettime(t);
154.                 if( bioskey(1) != 0 ){
155.                     k = bioskey(0);
156.                     count = keyhandle(k, count);
157.                     if(count == 5)    count = 1;
158.                 }
159.             }
160.             setcolor(15);
161.             digitclock( 485, 318, digitsec(s) + 1 );     /*数字时钟增加1秒*/
162.             setcolor(12);
163.             x2 = 98 * sin( s / 30 * PI ) + 451;
164.             y2 = 200 - 98 * cos( s /30 * PI );
```

```
165.            line(451, 200, x2, y2);
166.            /*以原来的颜色在原来的位置再绘制秒针,达到清除当前秒针的目的*/
167.
168.            /*分钟处理*/
169.            if( t[0].ti_min != m ){      /*若分针有变化*/
170.                /*清除当前分针*/
171.                setcolor(15);
172.                x1 = 80 * sin ( m / 30 * PI ) + 451;
173.                y1 = 200 - 80 * cos(  m / 30 * PI);
174.                line( 451, 200, x1, y1);       /*在电子表中绘制分针*/
175.                /*绘制新的分针*/
176.                m = t[0].ti_min;
177.                digitclock(446, 318, digitmin(m));
178.                x1 = 80 * sin ( m / 30 * PI ) + 451;
179.                y1 = 200 - 80 * cos(  m / 30 * PI);
180.                line( 451, 200, x1, y1);
181.            }
182.
183.            /*小时处理*/
184.            if(( t[0].ti_hour * 60 + t[0].ti_min ) != ( h * 60 + m )){
185.                /*清除当前时针*/
186.                setcolor(15);
187.                x = 50 *   sin( ( h * 60 + m ) / 360 * PI ) + 451;
188.                y = 200 - 50 * cos( ( h * 60 + m ) / 360 * PI );
189.                line(451, 200, x, y);
190.                /*绘制新的时针*/
191.                h = t[0].ti_hour;
192.                digitclock(408, 318, digithour(h));
193.                x = 50 *   sin( ( h * 60 + m ) / 360 * PI ) + 451;
194.                y = 200 - 50 * cos( ( h * 60 + m ) / 360 * PI );
195.                line(451, 200, x, y);
196.            }
197.        }
198.    }   /*   函数clockhandle结束   */
199.
200. /*  时钟按键控制模块*/
201. /*函数keyhandle:键盘控制*/
202. int keyhandle( int key, int count)
203. {
204.     switch(key){
205.         case UP: timeupchange(count - 1);   /*因为count初值为,因此减1*/
```

```
206.                    break;
207.             case DOWN: timedownchange( count - 1);
208.                    break;
209.             case TAB:setcolor(15);
210.                      clearcursor(count);
211.                      drawcursor(count);
212.                      count++;
213.                    break;
214.        }
215.        return count;
216.   }     /*   函数keyhandle结束  */
217.
218.  /*函数timeupchange：处理光标上移的按键*/
219.  int timeupchange(int count)
220.  {
221.        if( count = = 1){
222.              t[0]. ti_hour++;
223.              if( t[0].ti_hour = = 24)     t[0]. ti_hour = 0;
224.              settime(t);
225.        }
226.
227.        if( count = = 2){
228.              t[0].ti_min++;
229.              if( t[0].ti_min = = 60 )    t[0].ti_min = 0;
230.              settime(t);
231.        }
232.
233.        if( count = = 3){
234.              t[0].ti_sec++;
235.              if( t[0].ti_sec = = 60 )    t[0].ti_sec = 0;
236.              settime(t);
237.        }
238.  }     /*函数timeupchange结束*/
239.
240.  /*函数timedownchange：处理光标下移的按键*/
241.  int timedownchange(int count)
242.  {
243.        if( count = = 1){
244.              t[0]. ti_hour--;
245.              if( t[0].ti_hour = = 0 )    t[0]. ti_hour = 23;
246.              settime(t);
```

```
247.        }
248.
249.        if( count = = 2){
250.            t[0].ti_min--;
251.            if( t[0].ti_min = = 0 )     t[0].ti_min = 59;
252.            settime(t);
253.        }
254.
255.        if( count = = 3){
256.            t[0].ti_sec--;
257.            if( t[0].ti_sec = = 0 )     t[0].ti_sec = 59;
258.            settime(t);
259.        }
260.    }       /*函数timedownchange结束*/
261.
262.    /*数字时钟处理模块*/
263.    /*函数digitclock：在指定位置显示数字时钟：时\分\秒*/
264.    void digitclock( int x, int y, int clock )
265.    {
266.        char buffer1[10];
267.        setfillstyle(0, 2);
268.        bar(x, y, x + 15, 328);
269.        if ( clock = = 60 )     clock = 0;
270.        sprintf(buffer1, "%d", clock);
271.        outtextxy(x, y, buffer1);
272.    }       /*函数digitclock结束*/
273.
274.    /*函数digithour：将double型的小时数转换成int型*/
275.    int digithour( double h)
276.    {
277.        int i;
278.        for( i = 0 ; i <= 23 ; i++){
279.            if( h = = i )     return i;
280.        }
281.    }       /*函数digithour结束*/
282.
283.    /*函数digitmin：将double型的分钟数转换成int型*/
284.    int digitmin( double m)
285.    {
286.        int i;
287.        for( i = 0 ; i <= 59 ; i++){
```

```
288.            if( m = = i )      return i;
289.         }
290.    }   /*函数digitmin结束*/
291.
292.   /*函数digitsec：将double型的秒钟数转换成int型*/
293.   int digitsec( double s)
294.   {
295.        int i;
296.        for( i = 0 ; i <= 59 ; i++ ){
297.            if( s = = i )      return i;
298.        }
299.    }   /*函数digitsec结束*/
300.
301.   /*函数drawcursor：根据cursor值画一个光标*/
302.   void drawcursor( int count)
303.   {
304.        switch( count ){
305.            case 1:line(424,315,424,325); break;
306.            case 2:line(465,315,465,325); break;
307.            case 3:line(505,315,505,325); break;
308.        }
309.    }   /*函数drawcursor结束*/
310.
311.   /*函数clearcursor：根据count值，清除前一个光标*/
312.   void clearcursor( int count )
313.   {
314.        switch( count ){
315.            case 2:line(424,315,424,325); break;
316.            case 3:line(465,315,465,325); break;
317.            case 1:line(505,315,505,325); break;
318.        }
319.    }   /*函数clearcursor结束*/
```

第9章 中断技术

中断是微处理器和外部设备进行信息交换的一种方法,是指在计算机执行期间,系统内发生任何非寻常的或非预期的急需处理事件,使得 CPU 必须暂时中断当前正在执行的程序而转去执行相应的事件处理程序;待处理完毕后又返回原来被中断处继续执行或调度新的进程执行的过程。DOS 操作系统中应用程序可以自行申请中断,Windows 作为一种分时操作系统,工作在它之上的应用程序没有权利处理中断,这是为什么 Windows 可以掌控所有进程并轮流运行的原因。

标准 C 语言没有中断调用机制,但是不同编译器都有相应的中断处理方式,可以使用户实现中断功能。例如,BIOS 服务是以中断指令的形式提供的,C 程序可以通过函数库中提供的一些专用函数得到 BIOS 相应的服务。

本章主要介绍 C 程序调用 BIOS 服务的方法,这样程序可以得到更好的效果、更高的执行速度。本章主要介绍中断的基本概念、鼠标和键盘中断等内容。

9.1 中断的基本概念

本节将对 BIOS、中断和异常以及 BIOS 功能调用作一些简要的介绍。

9.1.1 BIOS

BIOS 是英文"Basic Input Output Sysytem"的缩略语,即基本输入输出系统。它的全称是 ROMBIOS,即只读存储器基本输入输出系统。BIOS 实际上是固化在计算机主板上的 ROM 芯片上的程序,包括计算机最基本的输入输出程序、系统设置信息、开机上电自检程序和系统启动自举程序。

与一般程序不同,BIOS 与硬件的联系非常紧密,简单地说,BIOS 是连接软件和硬件设备之间的一座"桥梁",它负责解决硬件的即时要求。BIOS 中断服务程序实质上是微机系统中软件与硬件之间的一个可编程接口。例如,WINDOWS 对光驱、硬盘等的管理,中断的设置等服务、程序。简单地说,BIOS 中断就是计算机上的 BIOS 提供的中断,实际上是一些对端口的输入输出操作。微机中的每个端口都实现特定的功能,程序员完全可以不调用 BIOS 提供的中断而直接通过输入输出指令对这些端口进行操作,从而实现与调用 BIOS 中断一样的功能,但是正确采用这种方法的前提是程序员必须对这些端口有详细的了解。反过来说,PC 的中断系统的一大好处就是能够让程序员无须了解系统底层的硬件知识就能够正确地编程,从这点看,中断有点类似于平时所说的"封装",BIOS 中断服务为我们"封装"了许多系统底层的细节。

BIOS 主要有以下三种功能:

（1）自检及初始化程序。

计算机接通电源时，系统有一个对内部各设备自行检查的过程，这个工作是由被称为 POST（Power On SelfTest，上电自检）的程序来完成的。完整的自检过程需要对包括 CPU、640K 基本内存、1MB 以上的扩展内存、ROM、主板、CMOS 存储器、串并口、显卡、软硬盘及键盘进行的测试。如果自检过程中没有发现任何问题，BIOS 将在自检之后按照系统 CMOS 设置的启动顺序，搜索磁盘驱动器和网络服务器等有效的启动驱动器，读入操作系统引导记录，然后由引导程序完成系统的启动。

（2）I/O 设备中断处理。

计算机开机时，BIOS 会通知 CPU 等 I/O 设备的中断号。当正在运行的程序中输入了需要使用某个 I/O 设备的命令后，就会根据中断号使用相应的 I/O 设备完成该命令的工作，完成之后根据中断号跳回到原来程序的执行状态。

（3）程序服务请求。

BIOS 负责与计算机的输入输出设备通信，通过特定的数据端口发出指令，发生或接收外部设备的数据，从而实现应用程序对设备的操作。

9.1.2 中断和异常

中断是指 CPU 在执行程序过程中，当出现某些异常情况或者接收到某种外部设备请求时，处理器暂停正在执行的程序，转而执行某个特定程序（异常请求的处理程序或者是外部设备的服务程序），并在执行后返回原来被中止的程序处继续向下执行的过程。

当外部设备的数据准备就绪后，会"主动"向 CPU 发出请求中断的信号，请求 CPU 中断正在执行的程序，转向处理该设备的数据交换。因此，CPU 和外部设备的操作可以并行，从而提高计算机系统的效率。

80×86 微机最多可以支持 256 个中断，包括硬中断和软中断。软中断一般是由程序员的一条 INT n 中断指令发出的，也可能是由条件中断指令 INT 0 发出的。

"异常"是指在某些指令的执行中遇到了错误条件产生的中断。例如，因为除数为 0 产生的除法错、无效操作码或者段溢出等。

BIOS 中为 I/O 设备服务的程序都有一个中断类型号来标识，每个调用中包括多个功能时，由功能指定的入口参数（功能号）发送至 AH 寄存器确定要调用的功能，当存在一些子功能时，可通过 AL 或者 BL 寄存器的参数值确定；如果还需要其他运行参数，可通过对其他的寄存器参数值赋值来实现。

BIOS 中断类型及其对应的数值如表 9-1 所示。

表 9-1　　　　　　　　　　BIOS 中断类型

数　值	中断类型	数　值	中断类型
10	显示器	16	键盘
11	设备检验	17	打印机
12	内存大小	18	驻留 BASIC
13	磁盘	19	引导
14	通信	1A	时钟
15	I/O 系统扩充	40	软盘

BIOS 的类型 10H 是显示器中断，表 9-2 列出了部分类型为 10H 的显示操作。

表 9-2　　　　　　　　　　　　类型为 10H 的显示操作

AH	功　能	调用参数	返回参数
0	设置显示方式	AL=00　40×25 黑白方式	
		AL=01　40×25 彩色方式	
		AL=02　80×25 黑白方式	
		AL=03　80×25 彩色方式	
		AL=04　320×200 彩色图形方式	
		AL=05　320×200 黑白图形方式	
		AL=06　320×200 黑白图形方式	
		AL=07　80×25 单色文本方式	
		AL=08　160×200 16 色图形	
		AL=09　320×200 16 色图形	
		AL=0A　640×200 16 色图形	
		AL=0B　保留（EGA）	
		AL=0C　保留（EGA）	
		AL=0D　320×200 彩色图形（EGA）	
		AL=0E　640×200 彩色图形（EGA）	
		AL=0F　640×350 黑白图形（EGA）	
		AL=10　640×350 彩色图形（EGA）	
		AL=11　640×480 单色图形（EGA）	
		AL=12　640×480 16 色图形（EGA）	
		AL=13　320×200 256 色图形（EGA）	
		AL=40　80×30 彩色文本（CGE400）	
		AL=41　80×50 彩色文本（CGE400）	
		AL=42　640×400 彩色图形（CGE400）	
1	设置光标类型	$(CH)_{0-3}=$ 光标起始行	
		$(CL)_{0-3}=$ 光标结束行	
2	设置光标位置	BH=页号　DH=行　DL=列	
3	读光标位置	BH=页号	CH=光标开始行
			CL=光标结束行
			DH=行
			DL=列
6	屏幕初始化或上卷	AL=上卷行数	
		AL=0，整个屏幕为空白	
		BH=卷入行属性	
		CH=左上角行号	
		CL=左上角列号	
		DH=右下角行号	
		DL=右下角列号	

续表

AH	功能	调用参数	返回参数
7	屏幕初始化或下卷	AL=下卷行数	
		AL=0，整个屏幕为空白	
		BH=卷入行属性	
		CH=左上角行号	
		CL=左上角列号	
		DH=右下角行号	
		DL=右下角列号	
9	在光标位置显示字符及属性	BH=显示页	
		AL=字符	
		CX=字符重复次数	
A	在光标位置显示字符	BH=显示页	
		AL=字符	
		CX=字符重复次数	

9.1.3 BIOS 功能调用

C 语言提供了一些 BIOS 功能调用函数，例如 int86( )、getinterrupt( )等，以便程序员在自己的程序中进行 BIOS 调用。

1. int86( )函数

int86( )函数用于产生软中断，适用于 80×86 系列处理器的微机。其函数原型是：

*int int86(int inter_num, union REGS * ingres, union REGS * outregs);*

其中，inter_num 是中断类型号（参见表 9-1），相当于 int n 调用的中断类型号 n。第二个参数 ingres 是指向联合类型 REGS 的指针，用来接收中断调用所需的入口参数。第三个参数 outregs 用来保存函数调用后的出口参数（或称返回参数）。

联合类型 REGS 在 dos.h 中定义，其定义形式如下：

```
struct WORDREGS
{
    unsigned int ax, bx, cx, dx, si, di, cflag, flags;
};
struct BYTEREGS
{
    unsigned char al, ah, bl, bh, cl, ch, dl, dh;
};
union REGS
```

```
{
    struct WORDREGS x;
    struct BYTEREGS h;
};
```

其中，结构类型 WORDREGS 和 BYTEREGS 中的各个成员对应于中断调用时的寄存器数值。

2. getinterrupt( )函数

getinterrupt( )函数用于产生一个软中断，其函数原型是：

void getinterrupt(int inter_num);

其中，参数 inter_num 是软中断类型号。该函数在调用前，需要设定寄存器值。设定方式是通过伪寄存器来实现的，例如用 _AH、_AL 等。在 TURBO C 中，任何时候可以通过伪寄存器直接操作 CPU 寄存器。

3. int86x( )函数

进行 BIOS 调用时，如果需要使用远指针进行跨段调用，就必须使用 int86x( )函数。其函数原型是：

int int86x(int inter_num, union REGS ingres, union REGS* outregs, struct SREGS* segregs);*

其中，前三个参数 inter_num、ingres 和 outregs 的含义与 int86( )函数中的相同。第四个参数 segregs 是 int86x( )函数特有的，是指向结构类型 SREGES 的指针，通过该结构类型中的伪寄存器成员操作数据段寄存器 DS 和附加段寄存器 ES 的值。

联合类型 SREGS 在 dos.h 中定义，其定义形式如下：

```
struct SREGS
{
    unsigned int es, cs, ss, ds;
};
```

9.2 鼠标和键盘中断

微机内含的 BIOS 是不提供鼠标支持的，鼠标的驱动程序是由鼠标制造商提供的。INT 33H 是系统保留给 DOS 使用的，绝大多数标准化驱动程序都使用这个软中断实现鼠标驱动。

9.2.1 鼠标的 INT33H 功能调用

Turbo C2.0 和 DOS 并不支持鼠标器的操作，因此需要在开机时将鼠标驱动程序装入并驻留内存。安装好鼠标驱动程序并进行初始化后，就可以使用鼠标驱动程序管理鼠标的各种操作。每移动一次或按一下鼠标，将产生一个 INT 33H 的鼠标中断。鼠标驱动程序按照中断时的入口参数，调用不同的功能处理程序，完成中断服务。

采用软中断实现鼠标中断，是通过 int86( )或者 int86x( )函数来实现的，其中相应的中断调用功能号参见表 9-3。相应的入口参数和出口参数参见表 9-4。

表 9-3　INT 33H 中断调用功能号及对应的功能

功能号	功能描述	功能号	功能描述
0	鼠标复位及取状态	20	交换中断程序
1	显示鼠标光标	21	取驱动程序的存储要求
2	鼠标光标不显示	22	保存驱动程序状态
3	取按钮状态和鼠标位置	23	恢复驱动程序状态
4	设置鼠标光标位置	24	设辅助程序掩码和地址
5	取按钮压下状态	25	取用户程序地址
6	取按钮松开状态	26	设置分辨率
7	设置水平位置最大值	27	取分辨率
8	设置垂直位置最大值	28	设置中断速度
9	设置图形光标	29	设置显示器显示的页号
10	设置文本光标	30	取显示器显示的页号
11	取鼠标移动的方向和距离	31	关闭驱动程序
12	设中断程序掩码和地址	32	打开驱动程序
13	打开光标模拟	33	软件重置
14	关闭光标模拟	34	选择语言
15	设置鼠标移动速度	35	取语言编号
16	条件关闭	36	取版本号及鼠标类型的中断号
19	设置速度加倍的下限	37	取鼠标驱动有关信息

表 9-4　INT 33H 中断调用常用功能调用、相应入口参数和出口参数

功能号	功能描述	入口参数	出口参数
0	鼠标复位及取状态	m=0 （AX=0）	m1=-1　鼠标安装成功 （AX=-1） m1=0　鼠标安装失败 （AX=0） m2=鼠标按钮数目 （BX=）
1	显示鼠标指针	m1=1 （AX=1）	无
2	鼠标指针不显示	m1=2 （AX=2）	无

续表

功能号	功能描述	入口参数	出口参数
3	取按钮状态和鼠标位置	m1=3 （AX=3）	m2=各按钮状态 BX=按钮状态 CX=水平位置 DX=垂直位置 BX 的低三位分别为 1 时表示如下的含义 ● 第 0 位为 1 表示按下左键 ● 第 1 位为 1 表示按下右键 ● 第 2 位为 1 表示按下中键
4	设置鼠标指针位置	m1=4 （AX=4） m3=鼠标指针 X 坐标 （CX=） m4=鼠标指针 Y 坐标 （DX=）	无
5	取按钮按下状态	m1=5 （AX=5） m2=按钮号 （BX=） 0 为左按钮 1 为右按钮	m1=各按钮状态 （AX=按键状态） AX 低三位分别为 1 时表示如下的含义 ● 第 0 位为 1 表示按下左键 ● 第 1 位为 1 表示按下右键 ● 第 2 位为 1 表示按下中键 m2=自上次调用以来该按钮按下的次数 （BX=） 最后一次按下时鼠标的 X 坐标 （CX=） 最后一次按下时鼠标的 Y 坐标 （DX=）
6	取按钮释放状态	m1=6 （AX=6） m2=按钮号 （BX=）	m1=各按钮状态 （AX=按键状态） AX 低三位分别为 1 时表示如下的含义 ● 第 0 位为 1 表示按下左键 ● 第 1 位为 1 表示按下右键 ● 第 2 位为 1 表示按下中键 m2=自上次调用以来该按钮释放的次数 （BX=） 最后一次释放时鼠标的 X 坐标 （CX=） 最后一次释放时鼠标的 Y 坐标 （DX=）

续表

功能号	功能描述	入口参数	出口参数
7	设置水平位置坐标范围	m1=7（AX=7） m3=水平位置最小值（CX=） m4=水平位置最大值（DX=）	无
8	设置垂直位置坐标范围	m1=8（AX=8） m3=垂直位置最小值（CX=） m4=垂直位置最大值（DX=）	无
11	取鼠标移动的方向和距离	m1=11（AX=11）	m3=X轴方向移动距离 m4=Y轴方向移动距离
12	设中断程序掩码和地址	m1=12（AX=12） m3=调用掩码（CX=） 调用掩码表示在何种条件发生时产生中断： 0 表示鼠标移动，1 表示左按钮按下，2 表示左按钮松开，3 表示右按钮按下，4 表示右按钮松开 m4=程序地址（DX=）	无

9.2.2 常用鼠标功能函数

1. 鼠标指针的显示和关闭

实现鼠标指针的开关函数如下所示：

```
void mscurson( void )      /*显示鼠标指针*/
{
    union REGS r;
    struct SREGS s;
```

```c
        r.x.ax = 1;              /*1 号鼠标功能*/
        msvisible = TRUE;
        int86x(0x33, &r, &r, &s);
}
void mscursoff( void )           /*隐藏鼠标指针*/
{
        union REGS r;
        struct SREGS s;
        r.x.ax = 2;              /*2 号鼠标功能*/
        msvisible = FALSE;
        int86x(0x33, &r, &r, &s);
}
```

其中，msvisible 是全局变量，用于记录鼠标指针是否显示或不显示的状态信息。

2. 设置鼠标指针位置

调用 4 号功能可是设置失败指针位置，相应函数如下所示：

```c
void curstoxy( void )            /*设置鼠标指针位置*/
{
        union REGS r;
        struct SREGS s;
        r.x.ax = 4               /*2 号鼠标功能*/
        r.x.cx = x;
        r.x.dx = y;
        int86x(0x33, &r, &r, &s);
        mousex = x;
        mousey = y;
}
```

其中，mousex 和 mousey 是全局变量，用于记录鼠标指针位置的坐标值。

3. 查询鼠标状态

鼠标状态查询时最常用的鼠标应用之一，通过 3 号功能实现，该函数报告鼠标当前指针位置和当前按钮状态。函数如下所示：

```c
void mouseread( )
{
        union REGS r1, r2;
        struct SREGS s;
        r1.x.ax = 3;             /*3 号功能调用*/
        int86x( 0x33, &r1, &r2, &s);
        mousex = r2.x.cx;        /*鼠标指针 X 轴方向坐标*/
        mousey = r2.x.dx;        /*鼠标指针 Y 轴方向坐标*/
        mousekey = r2.x.bx;      /*鼠标按钮状态*/
}
```

其中，mousex、mousey、mousekey 是全局变量，分别用于记录鼠标指针的 X 轴坐标、Y 轴坐标和按钮状态。

4. 等待鼠标某种状态

有时，需要等待鼠标的某种状态，例如按下按钮。以下的函数等待鼠标的按钮被按下或者移动光标后才返回主调程序。

```
void waitmouse( int i )
{
    do{
        mouseread( );
    }while( mousekey = = i );
}
```

参数 i 的取值参见表 9-4 中 3 号功能号对应出口参数说明中对 BX 的各位取值含义的解释。

5. 设置鼠标指针形状

默认情况下，系统为鼠标指针已经设定好了指针的形状，如果需要，程序员可以修改鼠标指针的形状，例如手型指针、双箭头指针、十字线、块状和箭头等形状，这一功能是通过 9 号功能实现的。

大多数图形方式下鼠标指针被定义为 16 像素×16 像素的块，用户可修改形状，但不能改变其大小。9 号功能可以修改鼠标指针形状，但需要传递 3 个参数来获得此功能。

（1）前两个参数定义鼠标指针的"原点"坐标，即确定鼠标坐标。例如系统定义的箭头形状的鼠标指针中，"原点"是箭头的尖。位置是相对于 16×16 的左上角给出的，且前两个参数值必须在-16 到 16 之间。

（2）第三个参数指定两个 16×16 位的用于指针形状的屏蔽地址：屏幕屏蔽和指针屏蔽。当鼠标指针画好后，屏幕上的像素和屏幕屏蔽像素进行 AND（与）运算，再和指针屏蔽进行 XOR（异或）运算，通过这种鼠标位组合方法，可以将鼠标指针设置成背景色为白色、透明或者是背景色的相反色。适当设置屏蔽方式，可以在鼠标指针形状内得到不同颜色的组合。鼠标位组合方法参见表 9-5。

表 9-5　　**INT 33H 中断调用常用功能调用、相应入口参数和出口参数**

屏幕屏蔽	光标屏蔽	结果颜色
0	0	背景色
0	1	白色
1	0	透明
1	1	前景后转，背景白色

例如，以下定义的 pattern 表示一个 16×32 的点像素阵列，前面 16 个元素表示屏幕屏蔽，后面 16 个元素表示指针屏蔽。设置的鼠标指针形状是一个指向左上角的箭号。进行鼠标指针形状设置的数组（阵列）和函数如下所示：

```
unsigned int pattern[32] = {
```

```
        /*屏幕屏蔽*/
        0x3FFF,        /* 0011 1111 1111 1111 */
        0x1FFF,        /* 0001 1111 1111 1111 */
        0x0FFF,        /* 0000 1111 1111 1111 */
        0x07FF,        /* 0000 0111 1111 1111 */
        0x03FF,        /* 0000 0011 1111 1111 */
        0x01FF,        /* 0000 0001 1111 1111 */
        0x00FF,        /* 0000 0000 1111 1111 */
        0x007F,        /* 0000 0000 0111 1111 */
        0x003F,        /* 0000 0000 0011 1111 */
        0x001F,        /* 0000 0000 0001 1111 */
        0x01FF,        /* 0000 0001 1111 1111 */
        0x10FF,        /* 0001 0000 1111 1111 */
        0x30FF,        /* 0011 0000 1111 1111 */
        0xF87F,        /* 1111 1000 0111 1111 */
        0xF87F,        /* 1111 1000 0111 1111 */
        0xFC3F,        /* 1111 1100 0011 1111 */
        /*指针屏蔽*/
        0x0000,        /* 0000 0000 0000 0000 */
        0x4000,        /* 0100 0000 0000 0000 */
        0x6000,        /* 0110 0000 0000 0000 */
        0x7000,        /* 0111 0000 0000 0000 */
        0x7800,        /* 0111 1000 0000 0000 */
        0x7C00,        /* 0111 1100 0000 0000 */
        0x7E00,        /* 0111 1110 0000 0000 */
        0x7F00,        /* 0111 1111 0000 0000 */
        0x7F80,        /* 0111 1111 1000 0000 */
        0x7FC0,        /* 0111 1111 1100 0000 */
        0x6C00,        /* 0110 1100 0000 0000 */
        0x4600,        /* 0100 0110 0000 0000 */
        0x0600,        /* 0000 0110 0000 0000 */
        0x0300,        /* 0000 0011 0000 0000 */
        0x0300,        /* 0000 0011 0000 0000 */
        0x0180         /* 0000 0001 1000 0000 */
};
void set_graphic_surcor( int x, int y, unsigned int far *pattern)
{
    union REGS ireg;
    strcut SREGS isreg;
    ireg.x.ax = 9;
```

```
ireg.x.bx = x;
ireg.x.cx = y;
ireg.x.dx = FP_OFF(pattern);
isreg.es = FP_SEG(pattern);
int86x( 0x33, &ireg, &ireg, &isreg);
}
```

9.3 键盘编程

9.3.1 键盘扫描码

键盘内有一个微处理器,它用于扫描和检测每个键的按下和松开状态。当检测到某个键被按下或松开时,会产生一个中断请求信号,即 INT 9。然后输出一个字节的扫描码给系统,扫描码的 0~6 位标识了每个键在键盘上的位置,而最高位(第 7 位)标识了对应该键是被按下了(取值为 0)还是松开了(取值为 1)的状态。

键盘的标准扫描码如表 9-6 所示。

表 9-6　　　　　　　　　　键盘标准扫描码

扫描码	基本键	Shift	Ctrl	Alt
29h	`	~	无定义	无定义
2h	1	!	无定义	扩充码
3h	2	@	扩充码	扩充码
4h	3	#	无定义	扩充码
5h	4	$	无定义	扩充码
6h	5	%	无定义	扩充码
7h	6	^	RS	扩充码
8h	7	&	无定义	扩充码
9h	8	*	无定义	扩充码
Ah	9	(	无定义	扩充码
Bh	0	)	无定义	扩充码
Ch	-	_	US	扩充码
Dh	=	+	无定义	扩充码
2bh	\			FS	扩充码
Eh	Backspace	Backspace	DEL	无定义
Fh	Tab	扩充码	无定义	无定义
10h	q	Q	DC1	扩充码
11h	w	W	ETB	扩充码
12h	e	E	ENQ	扩充码

续表

扫描码	基本键	Shift	Ctrl	Alt
13h	r	R	DC2	扩充码
14h	t	T	DC4	扩充码
15h	y	Y	EM	扩充码
16h	u	U	NAK	扩充码
17h	i	I	HT	扩充码
18h	o	O	SI	扩充码
19h	p	P	DLE	扩充码
1ah	[	{	Esc	扩充码
1bh	]	}	GS	无定义
1dh	无定义（Ctrl）	无定义	无定义	无定义
1eh	a	A	SOH	扩充码
1fh	s	S	CtuI	扩充码
20h	d	D	EOT	扩充码
21h	f	F	ACK	扩充码
22h	g	G	BEL	扩充码
23h	h	H	BS	扩充码
24h	j	J	LF	扩充码
25h	k	K	VT	扩充码
26h	l	L	FF	扩充码
27h	;	:	无定义	无定义
28h	'	"	无定义	无定义
1ch	CR（Enter）	CR	LF	无定义
2ah	无定义（Left shift）	无定义（Left shift）	无定义	无定义
2ch	z	Z	Sub	扩充码
2dh	x	X	Can	扩充码
2eh	c	C	Etx	扩充码
2fh	v	V	Syn	扩充码
30h	b	B	Stx	扩充码
31h	n	N	So	扩充码
32h	m	M	Cr	扩充码
33h	,	<	无定义	无定义
34h	.	>	无定义	无定义
35h	/	?	无定义	无定义
36h	无定义（Right shift）	无定义	无定义	无定义
38h	无定义（Alt）	无定义	无定义	无定义
39h	Sp（Space）	Sp	Sp	Sp

续表

扫描码	基本键	Shift	Ctrl	Alt
3ah	无定义（Caps lock）	无定义（Caps lock）	无定义	无定义
3ch	扩充码（F2）	扩充码	扩充码	扩充码
3eh	扩充码（F4）	扩充码	扩充码	扩充码
40h	扩充码（F6）	扩充码	扩充码	扩充码
42h	扩充码（F8）	扩充码	扩充码	扩充码
44h	扩充码（F10）	扩充码	扩充码	扩充码
3bh	扩充码（F1）	扩充码	扩充码	扩充码
3dh	扩充码（F3）	扩充码	扩充码	扩充码
3fh	扩充码（F5）	扩充码	扩充码	扩充码
41h	扩充码（F7）	扩充码	扩充码	扩充码
43h	扩充码（F9）	扩充码	扩充码	扩充码
1h	Esc	Esc	Esc	Esc
45h	无定义（Num lock）	无定义	特殊组合键	无定义
46h	无定义（Scroll）	无定义	无定义	无定义
54h	特殊组合键（sys req）	无定义	无定义	无定义
37h	*	特殊组合键	扩充码	无定义

从表 9-6 中可以看出，大小写字母的扫描码是相同的，因为二者是同一个键，当按下或松开该键时，都产生 INT 9 中断以调用 BIOS 键盘中断服务程序，该中断服务程序将得到键扫描码对应的 ASCII 码，至于是大写或小写字母，则是参照 Caps Lock 键的状态值进行转换的。

而某些特别的组合键是专门执行特殊功能的，它们将不产生扫描码：

- Alt+Ctrl+Del：系统启动；
- Ctrl+Break：产生 INT 1BH 中断；
- Ctrl+NumLock：使系统处于暂停一项操作的状态，按除本键之外的任意键恢复。

由于 ASCII 码只有 256 个，因此不能将微机键盘上的键全部包括，某些控制键如 Ctrl、Alt、End、Home、Del 等用扩充的 ASCII 码来表示，扩充码用两个字节的数表示。第 1 个字节是 0，第 2 个字节是 0～255 之间的数值，键盘中断处理程序把转换后的扩充码存储在 AX 寄存器中，存放格式如表 9-7 所示。

表 9-7　　　　　　　　　　　扩充码存储格式

键　名	AH	AL
字符键	扩充码=ASCII 码	ASCII 码
功能键/组合键	扩充码	0

9.3.2 键盘缓冲区

当用户按键盘上的某个键时，由于当前正在运行的程序不能立刻停止工作，因此按键产生中断和当前运行的程序之间采用异步工作方式，即不是同时工作的。微机中在内存确定的位置定义了一个有32个单元的键盘缓冲区（KB_BUFFER），该缓冲区可存储15个键的扩充ASCII码，及有效使用的单元是30个，每个键扩充码占2个单元。键盘缓冲区满时，扬声器会响。

键盘缓冲区实际上是一个先进先出的循环队列，使用队头指针 BUFFER1 指向开始处的数据，程序从这个位置取按键的扩充码数据；队尾指针 BUFFER2 指向结束的数据，系统将新的按键数据存储在这个位置处。

9.3.3 键盘操作函数 bioskey( )

kbhit( )函数用于判断当前是否有键按下，其函数原型是：

int kbhit(void);

该函数返回非零值表示有键按下，零表示没有按键。

是否有键按下，哪个键被按下，可以通过 Turbo C 提供的键盘操作函数 bioskey( )来识别。该函数的原型是：

int bioskey(int cmd);

bioskey( )函数在 bios.h 头文件中声明。参数 cmd 确定该函数如何操作。

（1）cmd 取值为 0：该函数返回按键的键值，如果没有键按下，则该函数一直等待，直到有键按下。如果返回键值的低8位为非零值，则表示普通键，其数值为该键的 ASCII 码。如果返回值的低8位为0，则高8位表示为扩展的 ASCII 码，表示按下的是特殊功能键。

（2）cmd 取值为 1：用来查询是否有键按下，如果返回非零值，则表示有键按下；如果返回值为0，则表示没有键按下。

（3）cmd 取值为 2：该函数将返回一些控制键是否被按过的状态。按过的状态由该函数返回的低8位的各位值来表示。当某位为1时，表示相应的键按过了，或者相应的控制功能已经有效。例如，cmd 数值为2，返回键值为 0x09，则表示右边的 Shift 键被按下，同时按了 Alt 键。

第10章 网络通信编程

通信是指计算机与外部设备之间或者计算机之间的信息交换与数据传输。计算机通信有两种基本方式：串口通信和并口通信。串口通信是把数据一位一位按顺序传送的通信方式，这种方式通信线路少、成本低。并口通信是一个字节或者一个字的各位同时进行传输的通信方式，传输速度快，传输的信息率高。

现在的通信主要是网络通信，Windows 中 Internet 软件都是通过 Winsock 基础上开发的。本章主要介绍 Winsock 通信基础、串口通信和并口通信。

10.1 Winsock 编程基础

10.1.1 常用协议报头

在介绍 Winsock 之前，本节先简要介绍常用的协议：IP 协议、TCP 协议、UDP 协议和 ICMP 协议。

1. IP 协议

IP 协议，即网际协议，是 TCP/IP 协议族中最核心的协议，所有的 TCP、UDP 和 ICMP 数据都是以 IP 数据报格式传输的。

IP 数据报中包含的字段及其含义如下所示：

（1）版本：占 4 个比特，目前的版本是 4，即 IPV4。

（2）首部长度：表示首部占 32bit 字的数目。由于它是一个 4 比特的字段，因此首部最长为 60 个字节。

（3）服务类型：该字段包括一个 32bit 的优先权子字段、4bit 的 TOS 子字段（分别表示最小时最大吞吐量、最高可靠性和最小费用）和 1bit 未用但必须置 0。

（4）总长度：整个 IP 数据报的长度。

（5）标识：唯一标识主机发送的每一份数据报。

（6）标志：表示该数据报是否允许被分片。

（7）片偏移：用于分片后的重组。

（8）生存时间：数据报可以经过的最多路由数。

（9）协议：上层协议类型。

（10）首部校验和：IP 校验和。

（11）源 IP 地址、目的 IP 地址。

（12）选项（如果有）：可变长的可选信息，包括记录路径、时间戳等。

（13）数据。

2. TCP 协议

TCP 协议，即传输控制协议，是工作在传输层的提供一种面向连接的、可靠的字节流服务。TCP 数据报中包含的字段及其含义如下所示：

（1）源端口号、目的端口号：这两个值和 IP 首部中的源 IP 地址和目的 IP 地址一起唯一确定一个 TCP 连接。

（2）序号：标识发送的数据字节流，表示在这个报文段中的第一个数据字节。

（3）确认序号：表示发送确认的一端所期望收到的下一个序号，它应该是上一次已经成功收到的数据字节序号加 1。

（4）首部长度：首部中 32Bit 字的数目。

（5）URG：紧急指针有效。

（6）ACK：确认序号有效。

（7）PSH：接收方应该尽快将这个报文段交给应用层。

（8）RST：重建连接。

（9）SYN：同步序号，用来发起一个连接。

（10）FIN：发送端完成发送任务。

（11）窗口大小：控制 TCP 的流量。

（12）校验和。

（13）紧急指针：只有 URG 为 1 时才有效。

（14）选项。

（15）数据（如果有）。

3. UDP 协议

UDP 协议，即用户数据报协议，是一个简单的面向数据报的传输层协议，它不提供可靠性，即不保证数据能够到达目的地。UDP 数据报中包含的字段及其含义如下所示：

（1）源端口号、目的端口号：分别表示发送进程和接收进程。指定特殊的目的端口号可以实现广播和多播功能，例如目的端口号为 255.255.255.255 时，表示对本地网广播。

（2）UDP 长度：UDP 首部和 UDP 数据的字节长度，此字段最小值为 8 字节，表示发送一份 0 字节的 UDP 数据报。

（3）校验和。

（4）数据（如果有）。

4. ICMP 协议

ICMP 协议，即 Internet 控制报文协议，经常被认为是 IP 层的一部分。它传递差错报文以及其他需要注意的信息。

Ping 命令就是 ICMP 协议的一个实现，它通过发送、接收 ICMP 回显请求和 ICMP 回显应答报文来实现。ICMP 回显请求和回显应答报文的字段及其含义如下所示：

（1）类型（0 或 8）：0 表示回显应答，8 表示回显请求。

（2）校验和。

（3）标识符：Ping 程序提供把它设置成发送进程的 ID 号。

（4）序号：从 0 开始，每发送以西新的回显请求就加 1。

（5）选项数据。

10.1.2 Winsock 基础

Socket 一般称为"套接字",产生于 Unix 操作系统,是 Unix 中的网络通信编程接口。Winsock 或称 Windows Socket,就是在 Windows 中开发的一套标准的、通用的 TCP/IP 编程接口。Windows 中 Internet 软件都是在 Winsock 的基础上开发的。Winsock 已经集成到 Windows 系统中,同时包括 16 位和 32 位的接口。

需要注意的是,DOS 和 Turbo C 中不直接支持 Winsock,应当使用 Visual C++、Borland C++ 等编译器。Winsock 主要由 winsock.h 和动态链接库 winsock.dll 组成。

1. 套接字分类

Socket 可以理解为"电话插座",因为在 Socket 环境中编程就像打电话,IP 地址就是电话号码,就像打电话需要一个电话插座构建一条通信线路,程序中需要向系统申请一个 Socket,两台计算机之间的程序通信就是通过这个 Socket 来进行的。

利用 Socket 进行通信,主要有两种方式:面向连接的流方式和无连接的数据报文方式。在面向连接的流方式中,两个通信的程序之间需要先建立一种连接链路,只有确定了这条链路后,数据才能被正确发送和接收,这种方式对应的是 TCP 协议。无连接的数据报文方式就像寄信,计算机把数据放在"一封信"里通过网络寄给对方,数据在传送的过程中间可能会残缺不全,或者后发的数据会先到,这种方式对应的是 UDP 协议。

套接字主要有 5 种不同的类型,即 SOCK_STREAM、SOCK_DGRAM、SOCK_RAW、SOCK_SEQPAKCET、SOCK__RDM 等。其中 SOCK_STREAM 是面向连接的流式套接字,SOCK_DGRAM 是无连接的数据报套接字,SOCK_RAW 是原始套接字。

2. Winsock 的初始化:WSAStartup( )

Winsock 的第一步就是调用 WSAStartup( )函数,进行 Winsock 初始化,只有在完成调用后才能使用 Socket。WSAStartup( )的函数原型是:

int PASCAL FAR WSAStartup(WORD wVersionRequested, LPWSADATA lpWSAData);

其中,第一个参数 wVersionRequested 用来指定需要使用的 Winsock API 的版本号,它的高字节定义的是次版本号,低字节定义的是主版本号。第二个参数 lpWSAData 是一个指向 WSADATA 的指针,WSAStartup 将其加载的库版本有关的信息填在这个结构类型中。

WSAStartup( )函数的返回值为 0,表示初始化成功。如果初始化失败,则返回结果值如下所示:

WSASYSNOTRREADY:表示网络设备没有准备好。
WSAVERNOTSUPPORTED:Winsock 的版本信息号不支持。
WSAEINPROGRESS:一个阻塞式的 Winsock1.1 存在于进程中。
WSAEPROCLIM:已经达到 Winsock 使用量的上限。
WSAEFAULT:lpWSAData 不是一个有效的指针。

3. 套接字的创建:SOCKET( )

Win32 中,套接字是一个独立的类型:SOCKET。SOCKET( )函数用于创建套接字,其函数原型是:

SOCKET socket(int af, int type, int proctocol);

其中,第一个参数 af 表示协议的地址族,例如像创建一个 UDP 或 TCP 套接字,该参数值通常为 AF_INET,表示该套接字在 Internet 域中进行。第二个参数 type 表示套接字类型,其取值就是 SOCK_STREAM、SOCK_DGRAM、SOCK_RAW、SOCK_SEQPAKCET、SOCK_RDM 等；取值 SOCK_STREAM 就是流连接方式，SOCK_DGRAM 就是数据报文方式。第三个参数 protocol 用于指定网络协议，一般取值为 0，表示采用默认的 TCP 和 UDP 传输协议。

SOCKET()函数的返回值是 SOCKET 类型的值（实质是整型）。套接字创建成功时，该返回值代表 Winsock 分配给程序的 SOCKET 号；如果创建失败，则返回 INVALID_SOCKET。

4. 面向连接的编程：服务器端

对于服务器端程序来说，首先将指定协议的套接字绑定在本地接口的 IP 地址上；然后将套接字为监听模式；最后，如果有客户端试图建立连接，服务器通过 accept()函数接收客户端的请求。

（1）bind()：为套接字绑定通信对象。

bind()函数的作用是将创建的套接字绑定到已知的地址上，其函数原型是：

int bind(SOCKET s, struct sockaddr_in* name, int namelen)；

其中，第一个参数 s 希望客户端连接的套接字。第三个参数 namelen 表示参数 name 指示的地址长度。第二个参数 name 指向绑定套接字的地址，它属于 struct sockaddr_in 类型。struct sockaddr_in 类型的定义如下：

```
struct sockaddr_in{
    short sin_family;
    unsigned short sin_port;
    struct in_addr sin_addr;
    char sin_zero[8];
};
```

其中，sin_family 是指一套地址族，通常指定为 AF_INET；sin_port 指端口号；sin_addr 是指 IP 地址；sin_zero[8]用于填充。

（2）listen()：设置监听状态。

listen()函数将服务器端设置为监听状态，以等待客户端的连接请求。其函数原型是：

int listen(SOCKET s , int backing)；

其中，第一个参数 s 表示需要设置的监听套接字；第二个参数 backing 用于指定等待连接的队列长度，可取 1～5。当队列中达到指定长度时，后来的连接请求都将被拒绝。

listen()函数正常返回 0，表示设置成功；失败时，则返回 SOCKET_ERROR，最常见的错误是 WSAEINVAL，表示 listen 之前没有 bind()。

（3）accept()：接收连接请求。

当没有连接请求时，阻塞方式将进入等待状态，直到有一个请求到达。accept()函数在接收到连接请求之后，会为这个连接建立一个新的 Socket 与对方通信，并把它作为返回值。其函数原型是：

SOCKET accept(SOCKET s, struct sockaddr_in *addr, int* addrlen)；

其中，第一个参数 s 为监听套接字。函数正常时返回值就是新建的套接字，它和监听套接字有相同的特性，包括端口号，用来的套接字被释放，用来继续等待其他的连接请求。新建的套接字就是与客户端实际通信的 Socket，因此通常称这个套接字为"会话"套接字。第二个参数 addr 和第三个参数 addrlen 返回客户机的 socket_in 结构类型数据，其含义参见 bind()函数中参数 name 和 namelen 的解释。

5. 面向连接的编程：客户机端

服务器端一般用户服务器端，属于被动等待的函数。而客户机端是主动提出连接请求的，首先需要调用 socket( )创建自己的套接字，然后用 connect( )函数请求建立并初始化连接。

● connect( )：请求建立连接

connect( )的函数原型是：

int connect(SOCKET s, struct sockaddr_in* name, int namelen);

其中，参数 s 表示客户端自己创建的套接字；参数 name 指定了服务器端的 socketaddr_in 结构；参数 namelen 是 name 的长度。

6. 面向连接的编程：数据传输

服务器端和客户端都可以使用函数 send( )和 recv( )来发送和接收数据。

（1）send( )：发送数据。

send( )函数用于在已经建立好的套接字上发送数据，其函数原型是：

int send(SOCKET s, const char FAR* buf, int len, int flags);

其中，第一个参数 s 是建立连接的套接字。第二个参数 buf 是字符缓冲区，表示要发送的数据。第三个参数 len 表示即将发送的数据的长度。第四个参数 flags 一般取值为 0；也可取值为 MSG_DONTROUTE、MSG_OOB，MSG_DONTROUTE 表示传输层不要将它发出的包路由出去，MSG_OOB 表示数据应该是带外数据。

（2）recv( )：接收数据。

recv( )函数用于在已经建立好的套接字上接收数据，其函数原型是：

int recv(SOCKET s, const char FAR* buf, int len, int flags);

其中，第一个参数 s 是准备接收数据的套接字。第二个参数 buf 指向用于存放数据的缓冲区。第三个参数 len 是缓冲区的长度。第四个参数 flags 一般取值为 0，也可取值为 MSG_PEEK、MSG_OOB，MSG_PEEK 会使有用的数据复制到接收端缓冲区内，但没有从系统缓冲中删除；MSG_OOB 表示带外数据。

7. 中断连接

在完成任务后，应当关闭所有连接，以释放占用的资源。断开连接需要先用 shutdown( )函数中断连接，再用 closesocket( )关闭套接字。

（1）shutdown( )：中断连接。

shutdown( )的原型是：

int shutdown(SOCKET s, int how);

其中，参数 s 是需要中断的套接字。how 取值可以为 SD_RECEIVE、SD_SEND 和 SD_BOTH，分别表示不再接收数据、不再发送数据和取消两端的收发操作。

（2）closesocket( )：关闭套接字。

closesocket( )函数原型是：

int closesocket(SOCKET s);

其中，参数 s 是需要关闭的套接字。

8. 面向无连接的编程

上面的步骤 2~7 描述了面向连接 Socket 编程时，服务器和客户机两端需要调用的函数。而对于无连接的编程，其实现过程简单得多，仅需套接字的创建、绑定以及数据收发过程，无需监听等过程。

（1）接收端。

无连接时，接收端即服务器端，首先需要调用 socket( )创建套接字，然后调用 bind( )函数把套接字绑定到指定的 IP 地址上，最后进行数据的接收。无连接方式中接收数据的函数是 recvfrom( )，其函数原型是：

  int recvfrom(SOCKET s, const char FAR* buf, int len, int flags,
     struct sockaddr_in* from,int* fromlen);

其中前四个参数和 recv( )函数的含义相同。而参数 from 表示需要发送数据的主机地址，fromlen 是指向 from 长度的指针。

（2）发送端。

发送端即客户机端，也需要先创建套接字、然后绑定套接字到已知的地址上，最后在一个无连接的套接字上发送数据，这是通过 sendto( )函数实现的，该函数的原型是：

  int sendto(SOCKET s, const char FAR* buf, int len, int flags,
     struct sockaddr_in* to,int toen);

其中，前四个参数和 send( )函数的相同。参数 to 指向接收数据的主机地址，tolen 为主机地址的长度。

（3）释放套接字资源。

无连接方式下，只需调用 closesocket( )函数关闭套接字即可，其关闭的方法和面向连接的方式中的关闭方法相同。

9. 错误的检测和控制

Winsock 最常见的错误是 SOCKET_ERROR，但是可以通过调用 WSAGetLastError( )函数来获取一端代码，这段代码描述了更详细的错误信息，明确表示发生的情况。该函数的原型是：

  int WSAGetLastError(void);

此函数的返回值代表发生的特定错误的完整描述。

10.1.3 套接字选项

套接字建立之后，可以通过套接字选项来设置套接字的各种属性。

1. 套接字选项的获取和设置

函数 getsockopt( )的作用是获取套接字选项，其函数原型是：

  int getsocketopt(SOCKET s, int level, int optname, char FAR* optval, int FAR* optlen);

其中，第一个参数 s 指定一个套接字。第二个参数 level 表示选项级别，例如 SOL_SOCKET 表示一个通用的选项，不要求和特定的协议一起使用；而 IPPROTO_IP 选项级就必须和特定协议一起使用。第三个参数 optname 表示选项的名字。第四个参数 optval 和第五个参数 optlen 指向两个变量，用于返回目标选项的值。

函数 setsocketopt( )的作用是为一个套接字级别或由协议决定的级别上设置套接字选项，其函数原型是：

  int setsocketopt(SOCKET s, int level, int optname, char FAR* optval, int FAR* optlen);

其参数含义和 getsocketopt( )函数中的意义一样。

2. SOL_SOCKET 选项级

套接字选项级别有很多，这里仅对介绍 SOL_SOCKET 和 IPPROTO_IP 选项级别中的部分选项。

（1）SO_BROADCAST。SO_BROADCAST 选项用于将套接字设置成可收发广播数据。如果指定的套接字已经配置成收发广播数据，对这个套接字选项进行查询时，会返回 TRUE。对此选项的设置，举例如下所示：

SOCKET s;
BOOL BroadcastFlag = TRUE;
s = WSASocket(AF_INET, SOCK_DAGRAM, 0, NULL, 0, WSA_FLAG_OVERLAPPED);
setsocketopt(s,SOL_SOCKET,SO_BROADCAST, (char *) &BroadcastFalg, sizeof(BOOL));

上述代码先调用 WSASocket()函数创建一个数据报套接字（此函数在 Winsock 2 中定义，作用和 socket()一样用于创建套接字），然后设置此套接字选项为广播类型。因此，该套接字就具有发送广播消息的能力。只有在需要发送广播数据报时，才需要设置 SO_BROADCAST 选项，接收广播数据报时，只需要在指定端口上对进入的数据报进行监听即可。

（2）SO_REUSEADDR。默认时，套接字不会与一个正在使用的本地地址绑定在一起。但是少数情况下，也可将套接字和一个本地地址绑定在一起，以实现对一个地址的重复使用。而 SO_REUSEADDR 选项的作用正是实现这个功能。

将 SO_REUSEADDR 选项设置成 TRUE，套接字就可以与一个正由其他套接字使用的地址绑定在一起，或与正处于 TIME_WAIT 状态的地址绑定在一起。在 TCP 环境中，如果服务器关闭或异常退出，造成本地地址和端口均进入 TIME_WAIT 状态。在该状态下，其他任何套接字都不能与该端口绑定，但是如果设置了 SO_REUSEADDR 选项，服务器便可在重启之后，在相同的本地端口上进行监听。

SO_REUSEADDR 选项的设置方法和设置 SO_BROADCAST 选项的方法一样。

3. IPPROTO_IP 选项级

IPPROTO_IP 选项级与 IP 协议有密切的关系，通过这一级别的套接字选项可以设置 IP 报头的 TTL 时间、设置套接字为 IP 多播接口等。这里介绍三个 IP 多播专用的套接字。

（1）IP_MULTICAST_IF。IP_MULTICAST_IF 选项用于设置一个本地接口，本地机器此后发出的任何多播数据都会通过它传送出去。在 setsocketopt()函数中，参数 optval 指定的是一个本地接口地址，它是一个无符号长整型数据，多播数据以后通过这个接口发出。下面的例子说明了对 IP_MULTICAST_IF 选项设置的方法：

DWORD LocalInterface = inet_addr("129.115.26.220");
setsocketopt(s,IPPROTO_IP,IP_MULTICAST_IF,(char*)&LocalInterface,sizeof(DWORD));

（2）IP_MULTICAST_TTL。IP_MULTICAST_TTL 选项用于设置多播数据的 TTL 值（生存时间）。TTL 的默认值是 1，即多播数据不允许传到本地网络之外，多播数据会在第一个路由器后就被丢弃。如果想要重新设置 TTL 值，就可以通过这个选项进行。该选项中，参数 optval 是一个整型数值，用于指定新的 TTL 值。

下面是一个设置 IP_MULTICAST_TTL 选项的例子：

int optval = 5;
setsocketopt(s, IPPROTO_IP, IP_MULTICAST_TTL, (char*) &optval, sizeof(int));

通过上述的设置，该套接字的多播数据可以达到 5 跳的生存时间。

（3）IP_MULTICAST_LOOP。IP_MULTICAST_LOOP 选项决定了应用程序能否接收到自己发出的多播数据。通常情况下，在发生多播数据时，假如套接字也属于这个多播组，则其发送的数据将会原封不动地返回发送者的套接字。IP_MULTICAST_LOOP 选项可以实现禁止将数据返回给本地接口。如果将此选项设置成 FALSE，则发出的任何数据都不会返回到发送者的套接字数据队列中。

下面是一个设置 IP_MULTICAST_LOOP 选项的例子：

int optval = 0;

setsocketopt(s, IPPROTO_IP, IP_MULTICAST_LOOP, (char*) &optval, sizeof(int));

10.1.4 名字解析

网络编程中，最常用到的是主机 IP 地址，但是 IP 地址不容易记忆，用户通常更愿意使用主机名而不是 IP 地址。Winsock 通过了相应的函数，例如 gethostbyname( )、gethostbyaddr( )、getservbyname( )，用于映射 IP 地址及其对应的主机信息。

1. gethostbyname( )

gethostbyname( )函数的作用是获取与指定主机名对应的主机信息。gethostbyname( )函数原型如下所示：

struct hostent FAR* gethostbyname(const char FAR* name);

其中，name 表示准备查找的主机名。如果该函数调用成功，该函数返回一个 hostent 指针，该指针的数据结构如下所示：

```
struct hostent{
    char FAR*         h_name;          /*主机名*/
    char FAR*         h_aliases;       /*指向别名链表的指针*/
    short             h_addrtype;      /*表示返回的地址族类型*/
    short             h_length;        /*表示 h_addr_list 中每个地址的长度*/
    char FAR*         h_addr_list;     /*表示返回地址列表*/
};
```

其中，对于 TCP/IP 协议版本 IPv4，h_length 值为 4，表示 IP 地址长度是 4 字节；而对于 IPv6，h_length 值为 16，表示 IP 地址长度为 16 字节。

2. gethostbyaddr( )

gethostbyaddr( )函数的作用是获取与 IP 地址对应的主机信息。gethostbyaddr( )函数原型如下所示：

struct hostent FAR* gethostbyaddr(const char FAR* addr, int len, int type);

其中，参数 addr 是一个指向 IP 地址的指针；参数 len 用于指定 addr 参数的字节长度；参数 type 指定 AF_INET 值，这个值表明指定类型是 IP 地址。

3. getservbyname( )

getservbyname( )函数的作用是获取已知服务的端口号。getservbyname( )函数原型如下所示：

struct servent FAR* getservbyname(const char FAR* name, const char FAR* proto);

其中，参数 name 表示准备查找的主机名；参数 proto 指向一个字符串，这个字符串表明 name 中的服务是在这个参数值的协议下注册的。

10.2 串口编程和并口编程

10.2.1 基本概念

如前所述，计算机的通信有两种基本方式：串行通信和并行通信。

串行通信是把数据一位一位按顺序传输的通信方式，它的优点是通信线路少、成本低，适用于长距离数据传输。但是串行通信最大的不足是通信速度慢。

并行通信是指将一个字节或者一个字的各位同时进行传输的通信方式。其优点是传输速度快，传输的信息率高，但是需要比串行通信更多的通信线路。并行通信常用于传输距离短、数据传输速度要求高的场所，例如打印传输和显示传输。

10.2.2 串行接口和串行通信

1. 串行接口

完成串行通信任务的接口称为串行通信接口，简称串行接口。由于计算机内部处理信息的方式是并行数据处理，而串行外部设备接收或发送的信息格式是串行的，因此，从串行接口输入的数据必须完成由外设到主机的串行信号到并行信号的格式转换。同样地，对于输出而言，也必须完成从并行到串行的格式转换。

串行通信的数据传输方式有单工方式、半双工方式和全双工方式。

（1）单工方式。

单工方式只允许数据按一个固定的方向传送。采用单工方式时，就已经确定了通信双方中的一方是接收方，另一方是发送方，这种确定不可改变。

（2）半双工方式。

半双工方式中通信双方都具有发送和接收能力，但通信线路只有一条，因此在特定时刻，双方中只有一方发送，而另一方接收数据；或者一方接收，另一方发送。但是不允许双方同时接收或者发送数据。

（3）全双工方式。

全双工方式中有两条独立的通信线路，一条专门用于发送，另一条用于接收数据。因此，通信双方必须具备一套完全独立的发生器和接收器。这种方式克服了单工方式和半双工方式不能同时发送和接收数据的弱点。

实际通信中，串行通信还必须有公共地线，此外为保证高效正确地传输，串行接口还需要提供一些状态和联络信号。

2. 串行通信方式

串行通信有两种基本类型：串行异步通信（简称异步通信），以及串行同步通信（简称同步通信）。

（1）异步通信。

异步通信主要指字符和字符之间的传送完全是异步的，而一个字符的位与位之间是同步的。简而言之，字符与字符之间的时间间隔是不固定的，而同一个字符中相邻位的时间间隔是固定的。这样在异步通信的数据流中，每个字符出现在数据流中的相对时间是随机的，接收端事前并不知道。而每个字符一经发送，收发双方则以固定的时钟速率传送各位。因此，要有效地进行异步通信，在 CPU 与外设之间通信之前，必须先统一字符格式和波特率。

①异步通信的字符格式。

异步通信的字符格式包括4个部分：起始位、数据位、校验位和停止位。

起始位在一个字符中占1位，该位必须为0，表示一个字符的开始。

起始位之后是数据位，数据位至少5位，最多8位；即数据可以是5、6、7位或8位，可通过串行通信初始化程序设定；数据的排列方式是低位在前，高位在后。

校验位排在有效数据位的后面，占1位，根据需要可选择，或不选。校验位用于有限差错经验的奇偶校验。发送时，自动检测数据所含1的个数，并自动写校验位，以确保数据位和校验位中所含1的位数为奇数（或者为偶数），这就是奇校验（或偶校验）。如果选择奇校验，则接收端收到的数据值组成数据位和校验位的逻辑1的位数必须是奇数，否则传送出错（奇校验错）；若选择偶校验，那么组成数据位和校验位的逻辑1的位数必须是偶数，否则传送出错（偶校验错）。

一个字符的最后是停止位，以表示一个字符的结束。停止位可以是1位、1位半或2位。

异步通信将这种由起始位开始、停止位结束所构成的一串二进制数称为帧（即一个完整的字符）。从微观上来看，异步通信是一位一位传送的，而从宏观上看，它又是一帧一帧传送的。一帧数据中的相邻位之间的时间间隔是相同的，而帧与帧之间的时间间隔又是随机的，帧与帧之间可以有若干个空闲位。

②波特率。

波特率是指单位时间内传送二进制数的位数，一般以秒为单位。波特率是衡量串行异步通信速度的重要指标和参数。波特率越高，则传输速度越快。

微机中常见的波特率有110bit/s、300bit/s、600bit/s、1200bit/s、2400bit/s、4800bit/s、9600bit/s和19 200bit/s等。

以9600bit/s为例，一个字符占7位，采用偶校验，1为停止位，则这个字符共占10位(1为起始位，7位数据位，1位校验位，1位停止位)，由此可知，每秒传送的字符个数是9600/(1+7+1+1)=960。

（2）同步通信。

同步通信中去掉了异步通信中每个字符的起始位和停止位，把字符一个一个按顺序连接起来，以固定长度的字符串组成一个数据块（也成为帧），每个数据块前加1~2个同步字符，每个数据内部又划分为若干个段，尾部是错误校验字符。这样，同步通信只有约1%的附加数据，和异步通信相比，提高了数据传送效率。

在同步通信中，接收设备需要先搜索同步字符，在得到同步字符之后，开始装入数据。传输过程中，发送设备和接收设备要保持完全的同步，需要使用同一个时钟。在传输距离短时，通过在传输线中增加一根时钟信号线来实现。而在传输距离远时，可通过调制器从数据流中提取同步信号，用锁相技术得到与发送时一样的时钟信号。

如上所述，串行同步通信以同步字符封装每一帧数据，它与异步通信的数据格式不同，这种不同造成了硬件产生很大区别。同步通信的硬件接口比异步通信的复杂。

3. 串行针脚功能

（1）25针串口功能。

25针串口功能介绍如表10-1所示。

表 10-1 **25 针串口功能一览表**

针　脚	功　　能	针　脚	功　　能
1	空	11	空
2	发送数据	12~17	空
3	接收数据	18	空
4	发送请求	19	空
5	发送清除	20	数据终端准备完成
6	数据准备完成	21	空
7	信号地线	22	振铃指示
8	载波检测	23	空
9	空	24	空
10	空	25	空

（2）9 针串口功能。

9 针串口功能如表 10-2 所示。

表 10-2 **9 针串口功能一览表**

针　脚	功　　能	针　脚	功　　能
1	载波检测	6	数据准备完成
2	接收数据	7	发送请求
3	发送数据	8	发送清除
4	数据终端准备完成	9	振铃请求
5	信号地线		

10.2.3　并行接口和并行通信

1. 并行接口

实现并行通信的接口称为并行通信接口，简称并行接口。通用的并行接口可以设计成输入接口，例如键盘或者其他的输入接口；也可以设计成输出接口，例如打印机接口、显示器接口等；还可以设计成既可以输入又可以输出的接口，即双向通信接口。

并行接口的一个通道与输入设备相连，作为输入设备使用；另一个通道与输出设备相连，作为输出端口使用。

2. 并口针脚功能

并口针脚功能如表 10-3 所示。

表 10-3　　　　　　　　　　并口针脚功能一览表

针脚	功能	针脚	功能
1	先通端，低电平有效	10	确认，低电平有效
2	数据通道 0	11	忙
3	数据通道 1	12	缺纸
4	数据通道 2	13	选择
5	数据通道 3	14	自动换行，低电平有效
6	数据通道 4	15	错误，低电平有效
7	数据通道 5	16	初始化，低电平有效
8	数据通道 6	17	选择输入，低电平有效
9	数据通道 7	18	地线

10.2.4　串/并口的输入输出函数

Turbo C 提供了专门对 I/O 接口进行输入/输出的几个函数。这些函数原型在 dos.h 中。

1. 输入函数

inport( )函数从指定的接口地址 port 中读入 1 个字（即 16 位二进制），而 inportb( )则从指定的接口地址 port 中读入 1 个字节（即 8 位二进制数）。它们的函数原型如下所示：

int inport(int port);

int inportb(int port);

在执行这两个函数后，它们均返回各自从接口地址所对应的输入设备得到的 16 位或 8 位二进制数。inport( ) 函数实际上是执行了两次 inportb( ) 函数，即 inportb(port) 和 inportb(port+1)。

2. 输出函数

outport( )函数把一个 16 位二进制数 value 发送到接口地址为 port 的接口中去。对于 PC 机是把低字节数发送到口地址为 port 的接口中，将高字节发送到口地址为 port+1 的接口中。outportb( )函数将 1 个字节的数据发送到口地址为 port 的接口中。这两个函数的原型是：

void outport(int port, int value);

void outport(int port, unsigned char value);

10.3　实现 ping 命令

【例题 10-1】 用 C 语言实现 ping 命令，用于测试一台主机到另一台主机之间的连通状况。

1. 问题描述：功能分析

本程序实现的 ping 程序，采用命令行方式运行，能够支持如下的运行方式：

（1）基本的 ping 操作，采用 "ping 主机地址" 或者 "ping 主机名" 的命令行方式执行，发送 ICMP 回显请求报文，接收 ICMP 显应答报文。例如，执行如下的命令：

ping 127.0.0.1

表示对本机 IP 测试，执行此行命令后将显示 5 条（默认值）记录，每条记录的大小是 64 字节（默认值）；程序最后提示 "Ping end, you have got 5 records!"，表示 ping 成功，并获得了 5 条记录。

（2）选项–r，用于记录从源主机到目的主机之间的路由。例如，执行命令行：

ping –r 202.114.74.198

表示对主机 202.114.74.198 测试，要求记录本机到该主机之间的路由。

（3）选项–n，用于指定输出记录条数。例如：

ping –10 127.0.0.1

表示对本机 IP 测试，输出显示 10 条记录。

（4）选项 datasize，按照指定大小输出每条记录。例如命令：

ping 900 127.0.0.1

表示对本机 IP 测试，输出的每条数据报大小为 900 字节。

（5）输出用户帮助信息，程序提供了用户帮助，显示各种选项以及信息格式。例如，执行不带任何参数的 ping 命令，程序将提示本程序的使用格式和选项格式。提示当用户使用了错误参数的 ping 命令时，程序将显示用户帮助。

2. 数据结构设计

本程序需要定义 3 个结构类型：struct _iphdr、struct _icmphdr 和 struct _ipoptionhdr，分别用于存储 IP 报头信息、ICMP 报头信息和 IP 路由选项信息。

（1）IP 报头结构类型。

源程序 ping.cpp 中的第 43~56 行定义了结构类型 struct _iphdr 及其类型别名 IpHeader，该结构类型包含以下的数据成员：

①h_len：IP 报头长度。首部长度指的是首部占 32bit 字的数目，由于 h_len 是一个 4bit 字段，因此首部最长为 15×4=60 字节，不包含任何选项的 IP 报头是 20 字节。

②version：表示 IP 的版本号，这里表示 IPv4。

③tos：表示服务的类型，可以表示最小时延、最大吞吐量、最高可靠性和最小费用。

④total_len：表示整个 IP 数据报的总长度。

⑤ident：唯一的标识符，标识主机发送的每一份数据报。

⑥frag_flags：分段标志，表示过长的数据报是否要分段。

⑦ttl：生存期，表示数据报可以经过的最多路由器数。

⑧proto：协议类型（TCP、UDP 等）。

⑨checksum：校验和。

⑩sourceIP：源 IP 地址。

⑪destIP：目的 IP 地址。

（2）ICMP 报头结构类型。

源程序 ping.cpp 中的第 58 行到 67 行定义了结构类型 struct _icmphdr 及其类型别名 IcmpHeader，该结构类型包含以下的数据成员：

①i_type：ICMP 报文类型。

②i_code：该类型中的代码号，一种 ICMP 报文的类型由类型号和该类型中的代码号共同决定。

③i_cksum：校验和。

④i_id:唯一的标识符,一般是把标识符字段设置成发送进程的 ID 号。
⑤i_seq:序列号,序列号从 0 开始,每发送一次新的回显请求就加 1。
⑥timestamp:时间戳。
(3) IP 选项结构类型。
源程序 ping.cpp 中的第 70~76 行定义了结构类型 struct _ipoptionhdr 及其类型别名 IpOptionHeader,该结构类型包含以下的数据成员:
①code:指明 IP 选项类型,对于路由记录选项,它的值是 7。
②len:选项头长度。
③ptr:地址指针字段,是一个基于 1 的指针,指向存放下一个 IP 地址的位置。
④addr[9]:记录的 IP 地址列表,由于 IP 首部中预留给 IP 选项的空间有限,所以可以记录的 IP 地址最多是 9 个。
(4) 常量。
源程序中定义了如下的宏(常量):
```
//    表示要记录路由
#define IP_RECORD_ROUTE 0x7
//    默认数据报大小
#define DEF_PACKET_SIZE 32
//    最大的 ICMP 数据报大小
#define MAX_PACKET 1024
//    最大 IP 头长度
#define MAX_IP_HDR_SIZE 60
//    ICMP 报文类型,回显请求
#define ICMP_ECHO 8
//    ICMP 报文类型,回显应答
#define ICMP_ECHOREPLY 0
//    最小的 ICMP 数据报大小
#define ICMP_MIN 8
```
(5) 全局变量。
源程序中定义了如下的全局变量:
```
SOCKET m_socket;                //套接字变量
IpOptionHeader IpOption;        //IP 选项
SOCKADDR_IN DestAddr;           //目的主机地址
SOCKADDR_IN SourceAddr;         //源主机地址
char* icmp_data;                //ICMP 数据缓冲区
char* recvbuf;                  //接收数据缓冲区
USHORT seq_no;                  //序列号
char* lpdest;                   //目的主机的 IP 地址或主机名
int datasize;                   //数据报文大小
BOOL RecordFlag;                //选项路由标记,设置为 FALSE,表示不需要记录路由数
double PacketNum;               //记录数,默认值为 5
```

BOOL SucessFlag;   //程序成功执行标志,只有在程序执行成功后,才赋值为 TRUE

3. 功能模块设计

本程序共包括 4 个功能模块:初始化模块、功能控制模块、数据报解读模块和 ping 测试模块。

(1)主函数。

本程序的主函数的执行流程如表 10-4 所示。

表 10-4   ping 程序的主函数算法描述

1. Step1: 调用 InitPing( )函数初始化各全局变量
2. Step2: 调用 GetArgments( )函数,获取命令行中的参数。如果命令行中的参数不正确或者没有参数,则调用 UserHelp( )函数显示用户帮助信息
3. Step3: 调用 PingTest( ),进行 ping 测试
4. Step4: 如果 ping 通了(SucessFlag 取值为 TRUE),则显示 Ping 结果
5. Step5: 如果没有 Ping 通(SucessFlag 取值为 FALSE),则报告错误信息
6. Step6: 调用 FreeRes( )释放占用资源,并退出系统

(2)初始化模块。

初始化模块只有一个自定义函数:InitPing( ),它主要用于初始化各个全局变量,并通过 WSAStartup( )函数加载 Winsock 库。

(3)功能控制模块。

功能控制模块主要是为其他模块提供调用的函数,该模块主要实现参数获取、校验和计算、ICMP 数据报填充、占用资源释放和显示用户帮助等功能。功能控制模块主要包括以下几个函数:

void GetArgments(int argc, char** argv);

USHORT CheckSum(USHORT *buffer, int size);

void FillICMPData(char * icmp_data, int datasize);

void FreeRes( );

void UserHelp( );

其中,函数 GetArgments( )的功能是对用户输入的命令行参数进行分析和判断,并根据不同的参数值进行标志位的设置、变量的赋值等操作。函数 CheckSum( )用于计算 ICMP 报文校验和,填充校验和字段。函数 FillICMPData( )用于填充 ICMP 报文。函数 FreeRes( )功能是释放占用的资源,包括释放创建的 socket、分配的内存。函数 UserHelp( )用于显示帮助,提示本程序所提供的选项、命令和选项的格式。

(4)数据报解读模块。

数据报解读模块提供了解读 IP 选项和解读 ICMP 报文的功能。当主机收到目的主机返回的 ICMP 回显应答后就调用 ICMP 解读函数解读 ICMP 报文,如果需要的话,ICMP 解读函数将调用 IP 选项解读函数来实现 IP 路由的输出。

数据报解读模块包括以下的 2 个自定义函数:

void DecodeIPOptions(char * buf, int bytes);

void DecodeICMPHeader(char * buf, int bytes, SOCKADDR_IN* from);

其中,函数 DecodeIPOptions( )解读 IP 选项,读取从源主机到目的主机之间的路由记录。函

数 DecodeICMPHeader( )解读 ICMP 报文，读取 ICMP 数据。

（5）Ping 测试模块。

Ping 测试模块就是函数 PingTest( )，它的功能是执行 Ping 操作。当程序进行完初始化全局变量、判断用户提供的参数等操作后，就需要调用此函数执行 Ping 目的地操作。

PingTest( )函数的主要步骤包括创建套接字、设置路由选项、设置接收和发送初始值、名字解析、分配内存、创建 ICMP 报文、发送 ICMP 请求报文、接收 ICMP 应答报文和解读 ICMP 报文。

4. 开发平台

由于需要调用 Winsock 库，因此本程序在 VC2005 中编辑、编译链接和调试。本程序中需要导入库文件 "ws2_32.lib"（程序第 6 行），否则程序不能正常执行。此外还需要加载头文件 "winsock2.h" 和 "ws2tcpip.h"，这两个文件是执行 socket 操作所需要调用的文件。

本程序的源程序如下所示：

```
1.      // C语言实现Ping命令，用于测试一个主机到另一个主机之间连通情况
2.      // 源文件：ping.cpp
3.      // VC2005调试通过
4.
5.      // 导入库文件
6.      #pragma comment(lib,"ws2_32.lib")
7.
8.      // 加载头文件
9.      #include <winsock2.h>
10.     #include <ws2tcpip.h>
11.     #include <stdio.h>
12.     #include <stdlib.h>
13.     #include <math.h>
14.
15.     // 定义常量
16.     // 表示要记录路由
17.     #define IP_RECORD_ROUTE 0x7
18.     // 默认数据报大小
19.     #define DEF_PACKET_SIZE 32
20.     // 最大的ICMP数据报大小
21.     #define MAX_PACKET 1024
22.     // 最大IP头长度
23.     #define MAX_IP_HDR_SIZE 60
24.     // ICMP报文类型，回显请求
25.     #define ICMP_ECHO 8
26.     // ICMP报文类型，回显应答
27.     #define ICMP_ECHOREPLY 0
```

```
28.     //  最小的ICMP数据报大小
29.     #define ICMP_MIN    8
30.
31.     //  自定义函数原型
32.     void InitPing();
33.     void GetArgments(int argc, char** argv);
34.     USHORT CheckSum( USHORT *buffer, int size);
35.     void FillICMPData( char * icmp_data, int datasize);
36.     void FreeRes( ) ;
37.     void UserHelp( );
38.     void DecodeIPOptions( char * buf, int bytes);
39.     void DecodeICMPHeader( char * buf, int bytes, SOCKADDR_IN* from);
40.     void PingTest( int timeout);
41.
42.     //  IP报头字段数据结构
43.     typedef struct _iphdr
44.     {
45.         unsigned int h_len:4;
46.         unsigned int version:4;
47.         unsigned char tos;
48.         unsigned short total_len;
49.         unsigned short ident;
50.         unsigned short frag_flags;
51.         unsigned char ttl;
52.         unsigned char proto;
53.         unsigned short checksum;
54.         unsigned int sourceIP;
55.         unsigned int destIP;
56.     }IpHeader;
57.
58.     //  ICMP报头字段数据结构
59.     typedef struct _icmphdr
60.     {
61.         BYTE i_type;
62.         BYTE i_code;
63.         USHORT i_cksum;
64.         USHORT i_id;
65.         USHORT i_seq;
66.         ULONG timestamp;
67.     }IcmpHeader;
68.
```

```c
69.    // IP选项头字段数据结构
70.    typedef struct _ipoptionhdr
71.    {
72.        unsigned char code;
73.        unsigned char len;
74.        unsigned char ptr;
75.        unsigned long addr[9];
76.    }IpOptionHeader;
77.
78.    // 定义全局变量
79.    SOCKET m_socket;
80.    IpOptionHeader IpOption;
81.    SOCKADDR_IN DestAddr;
82.    SOCKADDR_IN SourceAddr;
83.    char* icmp_data;
84.    char* recvbuf;
85.    USHORT seq_no;
86.    char* lpdest;
87.    int datasize;
88.    BOOL RecordFlag;
89.    double PacketNum;
90.    BOOL SucessFlag;
91.
92.    int main( int argc,char** argv)
93.    {
94.        InitPing();
95.        GetArgments(argc,argv);
96.        PingTest(1000);
97.        // 延迟1秒
98.        Sleep(1000);
99.        if(SucessFlag)
100.            printf("\nPing end, you have got %.0f records!\n", PacketNum);
101.       else
102.            printf("Ping end, no record!");
103.       FreeRes( );
104.       getchar( );
105.       return 0;
106.   }
107.
108.   // 初始化变量函数
109.   void InitPing( )
```

```
110.    {
111.        WSADATA wsaData;
112.        icmp_data = NULL;
113.        Seq_no = 0;
114.        recvbuf = NULL;
115.        RecordFlag = FALSE;
116.        lpdest = NULL;
117.        datasize = DEF_PACKET_SIZE;
118.        PacketNum = 5;
119.        SucessFlag = FALSE;
120.
121.        //  Winsock初始化
122.        if( WSAStartup( MAKEWORD(2,2), &wsaData) != 0 )
123.        {
124.        //  如果初始化不成功则报错，GetLastError( )返回发生的错误信息
125.            printf("WSAStartup( ) failed:%d\n", GetLastError( ));
126.            return;
127.        }
128.
129.        m_socket = INVALID_SOCKET;
130.    }
131.
132.    //  功能控制模块
133.    //  获取ping选项函数
134.    void GetArgments(int argc,char ** argv)
135.    {
136.        int i, j, m, exp;
137.        int len;
138.
139.        //  如果没有指定目的地地址和任何选项
140.        if( argc = = 1)
141.        {
142.            printf("\nPlease specify the destination IP address and the ping
143.                    option as folloe!\n");
144.            UserHelp( );
145.        }
146.
147.        for( i = 1; i < argc; i++)
148.        {
149.            if( argv[i][0] = = '-' )
150.            {
```

```
151.            // 选项指示要获取记录的条数
152.            if( isdigit( argv[i][1]))
153.            {
154.                PacketNum = 0;
155.                for( j = (int)strlen(argv[i]) - 1, exp = 0; j >= 1; j--,exp++)
156.            // 根据argv[i][j]中的ASCII值计算要获取的记录条数（十进制数）
157.                    PacketNum += ((double)(argv[i][j] - 48 )) * pow(10.0,exp);
158.            }
159.            else
160.            {
161.                switch( tolower(argv[i][1]))
162.                {
163.                    // 选项指示要获取路由信息
164.                    case 'r': RecordFlag = TRUE;
165.                        break;
166.                    // 没有按要求提供选项
167.                    default:    UserHelp( );
168.                        break;
169.                }
170.            }
171.            // 参数是数据报大小或者IP地址
172.            else if( isdigit( argv[i][0]))
173.            {
174.                len = (int)strlen(argv[i]);
175.                for( m = 1; m < len; m++)
176.                {
177.                    if( !( isdigit( argv[i][m])))
178.                    {
179.                        // 是IP地址
180.                        lpdest = argv[i];
181.                        break;
182.                    }
183.                    // 是数据报大小
184.                    else    if( m == len - 1 )
185.                        datasize = atoi( argv[i]);
186.                }
187.            }
188.            // 参数是主机名
189.            else
190.                lpdest = argv[i];
191.        }
```

```
192.    }
193.
194.    // 求校验和函数
195.    USHORT CheckSum( USHORT * buffer, int size)
196.    {
197.        unsigned long cksum = 0;
198.        while( size > 1 )
199.        {
200.            cksum += *buffer++;
201.            size -= sizeof(USHORT);
202.        }
203.        if( size )
204.            cksum += *( UCHAR* )buffer;
205.        // 对每个bit进行二进制反码求和
206.        cksum = ( cksum >> 16 ) + ( cksum & 0xffff );
207.        cksum += ( cksum >> 16 );
208.        return ( USHORT )( ~cksum );
209.    }
210.
211.    // 填充ICMP数据报字段函数
212.    void FillICMPData( char* icmp_data, int datasize)
213.    {
214.        IcmpHeader * icmp_hdr = NULL;
215.        char* datapart = NULL;
216.
217.        icmp_hdr = ( IcmpHeader* ) icmp_data;
218.        // ICMP报文类型设置为回显请求
219.        icmp_hdr->i_type = ICMP_ECHO;
220.        icmp_hdr->i_code = 0;
221.        // 获取当前进程IP作为标识符
222.        icmp_hdr->i_id   = ( USHORT )GetCurrentProcessId( );
223.        icmp_hdr->i_cksum = 0;
224.        icmp_hdr->i_seq = 0;
225.        datapart = icmp_data + sizeof( IcmpHeader );
226.        // 以数字填充剩余空间
227.        memset( datapart, '0', datasize - sizeof( IcmpHeader ));
228.    }
229.
230.    // 释放资源函数
231.    void FreeRes( )
232.    {
```

```
233.        //  关闭创建的套接字
234.        if( m_socket != INVALID_SOCKET )
235.            closesocket( m_socket );
236.        //  释放分配的内存
237.        HeapFree( GetProcessHeap( ), 0, recvbuf);
238.        HeapFree( GetProcessHeap( ), 0, icmp_data);
239.        //  注销WSAStartup( )调用
240.        WSACleanup( );
241.        return;
242.    }
243.
244.    //  显示信息函数
245.    void UserHelp( )
246.    {
247.        printf("UserHelp: ping -r <host> [data size]\n");
248.        printf("              -r         record route\n");
249.        printf("              -n         record amount\n");
250.        printf("              host       remote machine to ping\n");
251.        printf("              datasize   can be up to 1KB\n");
252.        ExitProcess(-1);
253.    }
254.
255.    //  数据报解读模块
256.    //  解读IP选项头函数
257.    void DecodeIPOptions( char* buf, int bytes)
258.    {
259.        IpOptionHeader * ipopt = NULL;
260.        IN_ADDR inaddr;
261.        int i;
262.        HOSTENT * host = NULL;
263.        //  获取路由信息的地址入口
264.        ipopt = ( IpOptionHeader* ) ( buf + 20 );
265.        printf("RR:     ");
266.        for ( i = 0; i < ( ipopt->ptr / 4 ) -1; i++ )
267.        {
268.            inaddr.S_un .S_addr = ipopt->addr [i];
269.            if( i != 0)
270.                printf("            ");
271.            //  根据IP地址获取主机名
272.            host = gethostbyaddr(( char* )&inaddr.S_un .S_addr ,
273.                sizeof(inaddr.S_un .S_addr ),AF_INET);
```

```
274.              //  如果获取到了主机名，则输出主机名
275.              if( host )
276.                  printf("(%-15s)   %s\n", inet_ntoa( inaddr ), host->h_name );
277.              else
278.                  printf("(%-15s)\n", inet_ntoa( inaddr ));
279.          }
280.          return ;
281.      }
282.
283.      //  解读ICMP报头函数
284.      void DecodeICMPHeader( char* buf, int bytes, SOCKADDR_IN* from)
285.      {
286.          IpHeader* iphdr = NULL;
287.          IcmpHeader * icmphdr = NULL;
288.          unsigned short iphdrlen;
289.          DWORD tick;
290.          static int icmpcount = 0;
291.
292.          iphdr = ( IpHeader* ) buf;
293.          //  计算IP报头的长度
294.          iphdrlen = iphdr->h_len * 4;
295.          tick = GetTickCount( );
296.
297.          //  如果IP报头的长度为最大长度（基本长度为20字节），
298.          //则认为有IP选项，需要解读IP选项
299.          if( ( iphdrlen == MAX_IP_HDR_SIZE) && ( !icmpcount ))
300.              //  解读IP选项，即路由信息
301.              DecodeIPOptions( buf, bytes);
302.
303.          //  如果读取的数据大小
304.          if( bytes < iphdrlen + ICMP_MIN )
305.              printf("Too few bytes from %s\n",inet_ntoa( from->sin_addr ));
306.          icmphdr = ( IcmpHeader* ) ( buf + iphdrlen);
307.          //  如果收到的不是回显应答报文则报错
308.          if( icmphdr->i_type != ICMP_ECHOREPLY )
309.          {
310.              printf("nonecho type %d recvd\n", icmphdr->i_type );
311.              return;
312.          }
313.          //  核实收到的ID号和发送的是否一致
314.          if( icmphdr->i_id != (USHORT)GetCurrentProcessId( ))
```

```c
315.    {
316.        printf("someone else's packet!\n");
317.        return;
318.    }
319.    SucessFlag = TRUE;
320.    // 输出记录信息
321.    printf("%d bytes from %s:",bytes,inet_ntoa( from->sin_addr ));
322.    printf("   icmp_seq = %d. ", icmphdr->i_seq );
323.    printf("   time:%d ms", tick - icmphdr->timestamp );
324.    printf("\n");
325.
326.    icmpcount++;
327.    return;
328. }
329.
330. // Ping测试模块
331. // PingTest函数
332. void PingTest( int timeout )
333. {
334.    int ret, readNum, fromlen;
335.    struct hostent* hp = NULL;
336.    // 创建原始套接字,该套接字用于ICMP协议
337.     m_socket = WSASocket( AF_INET, SOCK_RAW,
338.            IPPROTO_ICMP, NULL, 0, WSA_FLAG_OVERLAPPED);
339.    // 如果该套接字创建不成功
340.    if( m_socket == INVALID_SOCKET )
341.    {
342.        printf("WSASocket( ) failed: %d \n", WSAGetLastError( ));
343.        return;
344.    }
345.
346.    // 若要求记录路由选项
347.    if( RecordFlag )
348.    {
349.        // IP选项每个字段用初始化
350.        ZeroMemory( &IpOption, sizeof(IpOption));
351.        // 为每个ICMP包设置路由选项
352.        IpOption.code = IP_RECORD_ROUTE;
353.        IpOption.ptr = 4;
354.        IpOption.len = 39;
355.
```

```
356.            ret = setsockopt(m_socket, IPPROTO_IP, IP_OPTIONS,
357.                        (char*)&IpOption, sizeof(IpOption));
358.            if( ret == SOCKET_ERROR)
359.                printf("setsockopt(IP_OPTIONS) failed: %d\n",
360. WSAGetLastError( ));
361.        }
362.
363.        // 设置接收的超时值
364.        readNum = setsockopt(m_socket,SOL_SOCKET,SO_RCVTIMEO,
365.                        (char*)&timeout,sizeof(timeout));
366.        if(readNum == SOCKET_ERROR)
367.        {
368.            printf("setsockopt(SO_RCVTIMEO) failed: %d\n",WSAGetLastError( ));
369.            return;
370.        }
371.        // 设置发送的超时值
372.        timeout = 1000;
373.        readNum = setsockopt(m_socket,SOL_SOCKET,SO_SNDTIMEO,
374.                (char*)&timeout,sizeof(timeout));
375.        if( readNum == SOCKET_ERROR)
376.        {
377.            printf("setsockopt(SO_SNDTIMEO) failed: %d\n",WSAGetLastError( ));
378.            return;
379.        }
380.
381.        // 用初始化目的地地址
382.        memset(&DestAddr,0,sizeof(DestAddr));
383.        // 设置地址族，这里表示使用IP地址族
384.        DestAddr.sin_family = AF_INET;
385.        if((DestAddr.sin_addr.S_un.S_addr=inet_addr(lpdest))==INADDR_NONE)
386.        {
387.            // 名字解析，根据主机名获取IP地址及其他字段
388.            if((hp = gethostbyname(lpdest)) != NULL )
389.            {
390.                // 将获取到的IP值赋给目的地地址中的相应字段
391.                memcpy(&(DestAddr.sin_addr ), hp->h_addr ,hp->h_length );
392.                // 将获取到的地址族值赋给目的地地址中的相应字段
393.                DestAddr.sin_family = hp->h_addrtype ;
394.                printf("DestAddr.son_addr = %s\n",inet_ntoa(DestAddr.sin_addr ));
395.            }
396.            // 获取不成功
```

```
397.        else
398.        {
399.            printf("gethostbyname( ) failed: %d\n", WSAGetLastError( ));
400.            return;
401.        }
402.    }
403.
404.    // 数据报文大小需要包含ICMP报头
405.    datasize += sizeof(IcmpHeader);
406.    // 根据默认堆句柄,从堆中分配MAX_PACKET内存块,
407.    // 新分配内存的内容被初始化为
408.    icmp_data = (char*)HeapAlloc(GetProcessHeap( ),
409.            HEAP_ZERO_MEMORY, MAX_PACKET);
410.    recvbuf = (char*)HeapAlloc(GetProcessHeap( ),
411.            HEAP_ZERO_MEMORY, MAX_PACKET);
412.
413.    // 如果分配内存不成功
414.    if( !icmp_data)
415.    {
416.        printf("HeapAlloc( ) failed: %d\n",GetLastError( ));
417.        return;
418.    }
419.    // 创建ICMP报文
420.    memset(icmp_data,0,MAX_PACKET);
421.    FillICMPData(icmp_data,datasize);
422.
423.    while(1)
424.    {
425.        static int nCount = 0;
426.        int writeNum;
427.        // 超过指定的记录条数则退出
428.        if( nCount++ = = PacketNum)
429.            break;
430.
431.        // 计算校验和前要把校验和字段设置为
432.        ((IcmpHeader*)icmp_data)->i_cksum = 0;
433.        // 获取操作系统启动到现在所经过的毫秒数,设置时间戳
434.        ((IcmpHeader*)icmp_data)->timestamp = GetTickCount( );
435.        // 设置序列号
436.        ((IcmpHeader*)icmp_data)->i_seq = seq_no++;
437.        // 计算校验和
```

```
438.            ((IcmpHeader*)icmp_data)->i_cksum =
439.                  CheckSum((USHORT*)icmp_data,datasize);
440.        //  开始发送ICMP请求
441.        writeNum = sendto(m_socket,icmp_data,datasize,0,(struct sockaddr*)
442.                  &DestAddr, sizeof(DestAddr));
443.
444.        //  如果发送不成功
445.        if( writeNum = = SOCKET_ERROR)
446.        {
447.            //  如果是由于超时不成功
448.            if(WSAGetLastError() = = WSAETIMEDOUT)
449.            {
450.                printf("timed out\n");
451.                continue;
452.            }
453.            //  其他发送不成功原因
454.            printf("sendto() failed: %d\n",WSAGetLastError());
455.            return;
456.        }
457.        //  开始接收ICMP应答
458.        fromlen = sizeof(SourceAddr);
459.        readNum = recvfrom(m_socket,recvbuf,MAX_PACKET,0,
460.                  (struct sockaddr*)&SourceAddr,&fromlen);
461.        //  如果接收不成功
462.        if( readNum = = SOCKET_ERROR)
463.        {
464.            //  如果是由于超时不成功
465.            if( WSAGetLastError() = = WSAETIMEDOUT)
466.            {
467.                printf("timed out\n");
468.                continue;
469.            }
470.            //  其他接收不成功的原因
471.            printf("recvfrom() failed: $d\n",WSAGetLastError());
472.            return;
473.        }
474.        //  解读接收到的ICMP数据报
475.        DecodeICMPHeader(recvbuf,readNum,&SourceAddr);
476.    }
477. }
```

第 11 章　C99 标准

随着计算机硬件、应用软件的习惯和方法论的改变，计算机语言也随之而改变，C 语言也是如此。C 语言的发展路线有两条：一条是不断改进完善 C 语言，另一条是在 C 的基础上发展 C++。在过去几年中，C 语言本身也在不断完善中。C89 标准在 1995 年被修订过，其后更新语言的工作也立刻展开，随之产生了新的标准：C99。

本章将介绍 C99 标准中增加的特性。

11.1　C99 简介

C99 是 C 语言标准的修订版，它改进并扩展了 C 语言标准的性能。目前并非所有留下的编译器都支持它。在支持 C99 的编译器中，大部分也只是支持 C99 的一部分功能。因此，本书以及配套的教材中都以 C89 为主来讨论 C 语言。

本节首先介绍 C99 和 C89 之间的差异。

11.1.1　C99 和 C89 的差异

下面从三个方面来讨论 C99 和 C89 之间的差异。

1. 新增的特性

C99 新增的特性包括以下几个方面：

（1）新的关键字：inline、restrict、_Bool、_Complex、_Imaginary；

（2）变长数组；

（3）对复数的支持；

（4）long long int 数据类型；

（5）//形式的注释；

（6）对分散的代码和数据的处理；

（7）对预处理程序的增加；

（8）for 语句内的变量声明；

（9）复合赋值；

（10）柔性数组结构成员；

（11）指定的初始化符；

（12）对 printf()和 scanf()的修改；

（13）__func__预定义标识符；

（14）新的库和头部。

2. 删除的特性

C99 删除的一个最重要的特性是"隐含的 int"规则。在 C89 中,没有明确指定类型符时,通常默认为 int 类型,例如函数的返回类型。这一点在 C99 中是不允许的。

3. 修改的特性

C99 中多数修改都是很小的,但有一些却是非常重要的:

(1) 放宽的转换限制;
(2) 扩展的整数类型;
(3) 增强的整数类型提升规则;
(4) 对 return 语句的约束。

11.1.2 对 C99 的支持

编译器对 C99 的支持是近年来发展起来的,现在很多编译器已经接近于完全适应 C99 标准了。之前介绍的 Microsoft Visual C++2005Express 版本并不支持 C99。①

本章中的例子将使用 Bloodshed Software 提供的 Dev-C++4.9.9.2 集成开发环境。这个免费的集成开发环境默认使用 MingW 编译器,MingW 是 GNU GCC 编译器的一个端口,它在很大程度上支持 C99。当然,如果希望在编译时使用 C99 标准,需要先选择"工具"菜单(Tools)中的"编译选项"(Complier Options),在如图 11-1 所示的编译器选项对话框中完成以下的设置:在标签"编译时加入以下命令"下的空白文本框内填入"-std=c99",并确保该标签被选中。

图 11-1　DEV C++4.9.9.2 的编译器选项窗口

---

① 请访问 msdn.microsoft.com/chats/transcripts/vstudio/vstudio_022703.aspx 网站了解 VC2005 对 C99 的支持情况。

11.2 新的内置数据类型

C99 新增了一些新的内置数据类型。

11.2.1 _Bool

C99 新增了_Bool 数据类型，此类型实际上是一个整数类型，可以存储 1 和 0（即 true 和 false）。新增此数据类型的目的是：C89 标准中没有显式的布尔类型，因此许多现存的 C 程序都已经定义了自己的 bool 习惯用法版本。通过将布尔类型指定为_Bool，C99 可以避免破坏原先存在的 C 程序代码。

但是请读者注意_Bool 和 C++中的关键字 bool 是不同的。在这一点上，C99 和 C++是不兼容的，C++中定义了内置的布尔常量 true 和 false，而 C99 中是通过增加头文件〈stdbool.h〉，其中定义了宏 bool、true 和 false。因此，在 C99b 中，程序员应当尽可能在程序中包含〈stdbool.h〉，并使用上述的 bool 宏，这样，程序员就可以轻松地编写与 C/C++都兼容的代码。

11.2.2 _Complex 和_Imaginary

C99 中增加了对复数的支持，其中包括关键字_Complex 和_Imaginary，以及附加的头文件和几个新的库函数。这样有利于给与数值相关的程序更好的支持。

C99 中新增的复数类型包括：

float _Complex

float _Imginary

double _Complex

double _Imaginary

long double _Complex

long double _Imaginary

头文件〈complex.h〉中定义了宏 complex 和 imaginary，并替代_Complex 和_Imaginary。因此，在编写 C99 标准的新程序时，最好在程序中包含头文件〈complex.h〉，并使用 complex 和 imaginary 宏。

【例题 11-1】 复数类型的示例程序。

```
1.    // 源文件：LT11-1.c
2.    #include <stdio.h>
3.    #include <complex.h>
4.
5.    int main(void)
6.    {
7.        double complex    x = 1.23 + 3.45 * I;
8.        double complex    y = 0.12 + 2.34 * I;
9.        double complex sum = x + y;
10.
```

```
11.         printf("x=%f + %f i\n",creal(x), cimag(x));
12.         printf("y=%f + %f i\n",creal(y), cimag(y));
13.         printf("x+y=%f + %f i\n",creal(sum), cimag(sum));
14.         .
15.         getchar();
16.         return 0;
17.    }
```

x=1.230000 + 3.450000 i
y=0.120000 + 2.340000 i
x+y=1.350000 + 5.790000 i

源程序中复数类型 double complex 就是 double _Complex。

11.2.3 long long int 类型

C99 增加了 long mong int 和 unsigned long long int 数据类型。long long int 允许支持整数长度为 64 位，其最小取值范围是从 $-(2^{63}-1)$ 到 $(2^{63}-1)$。unsignd long long int 的最小取值范围是从 0 到 $(2^{64}-1)$。

11.3 扩展的整数类型

C99 在〈stdint.h〉中定义了几种扩展的整数类型。扩展的整数类型包含精确位数、最小位数、最大位数以及最稳固的整数类型。例如：

int16_1	表示整数的长度为精确的 16 位
int_least16_t	表示整数的长度至少为 16 位
int_fast32_t	表示最稳固的整数类型，其长度至少为 32 位
intmax_t	表示最大的整数类型
uintmax_t	表示最大的无符号整数类型

11.4 注释、变量定义和运算的修改

11.4.1 单行注释

C99 为 C 程序增加了单行注释。单行注释以"//"开始，表示从此处一直到行尾都是注释。例如

```
// This is a comment
int x;    // this is another comment
```

11.4.2 分散代码和声明

C89 要求必须在一个语句块的开始位置定义局部变量。而 C99 允许声明语句和可执行代码混合使用，即可以一个语句块的任何位置定义变量。

【例题 11-2】 分散代码和声明的示例程序。程序中变量 x 和 y 的定义之间有一条输出语句，这在 C89 中是不允许的，但在 C99 中却是允许的。这个特性在 C++中被广泛使用。

```
18.    // 源文件：LT11-2.c
19.    #include <stdio.h>
20.
21.    int main(void)
22.    {
23.        int x = 1;
24.        printf("x=%d\n",x);
25.
26.        int y = 10;
27.        printf("y=%d\n",y);
28.
29.        getchar();
30.        return 0;
31.    }
```

x=1
y=10

11.4.3 在 for 循环中定义变量

for 循环语句中包括初始化部分、循环控制条件、增量语句和循环体。C99 允许在 for 语句的初始化部分定义变量，在 for 语句中定义的变量是该循环中的局部变量，一旦 for 循环结束，在循环中声明的变量也会消亡。

【例题 11-3】 在 for 循环中定义变量的范例程序。程序中变量 x 是在 for 语句初始化部分定义的，因此，一旦 for 循环终止，变量 x 就会消亡。

```
1.     // 源文件：LT11-3.c
2.     #include <stdio.h>
3.
4.     int main(void)
5.     {
6.         for( int x = 1; x <= 10; x++)
7.             printf("x=%d\n",x);
8.         getchar();
9.         return 0;
10.    }
```

11.4.4 复合赋值

C99 允许用户执行定义复合赋值，在定义复合赋值时可以指定对象类型的数组、结构类型或联合表达式。在创建复合赋值时，在括号中指定类型名，后面跟着括在花括号内的初始化列表；当类型名为数组时，一定不要指定数组的大小。

例如：

double *fp = (double [ ]){1.0, 2.0, 3.0, 4.0 };

上述语句创建了一个指向 double 类型的指针 fp，它指向四元素数组 double 中的第一个元素。

11.5 用 restrict 修饰的指针

C99 的一个最重要的创建之一就是 restrict 修饰符，该修饰符只能用于修饰指针。用 restrict 修饰指针，编译程序能通过做出 restrict 修饰的指针是存取对象的唯一方法的假定，它常用于作为函数参数，或者指向由 malloc( )分配的内存变量，以确保多个指针不指向重叠的对象。例如 C99 中将函数 memcpy( )的原型修改为：

void* memcpy(void* restrict str1, const void* restrict str2, size_t size);

通过 restrict 修饰 str1 和 str2，此原型将确保而后指向不重叠的对象。

11.6 对数组的增强

C99 中对数组增强了两个重要的特性：变长数组和在数组声明时进行类型限定。C99 中的另外一个与数组有关的特性是：允许结构类型的最后一个成员是未知大小的数组，这就是柔性数组结构成员。

11.6.1 变长数组

C89 中规定数组中每一维的长度必须用常量整型表达式声明，并且数组的大小在编译时必须是固定的；如果在编译时不知道数组长度，只能使用动态分配内存函数（例如 malloc( )）申请动态数组。而在 C99 中，可以使用变长数组（VLA）解决数组长度未知的问题。变长数组不是指数组长度可以改变，因为改变数组长度会影响到内存中邻近位置的整数安全性。变长数组是指声明一个数组时，其长度由任一有效的整型表达式确定，该执行表达式是在程序运行时间才能计算得出其数值，因此变长数组的大小是在程序运行时间确定而不是在编译时间就确定的。

【例题 11-4】 变长数组的范例程序。

源程序 LT11-3.c 中定义了变长数组 array，其数组长度是由变量 arraysize 来指定的。程序中第 29~34 行定义了 printArray 函数，该函数的第二个参数是一个变长数组类型，用于接收一个变长数组实参 array。这个形参定义的语法和定义一个普通的变长数组的语法是一样的。当然在调用此函数时，第二个形参的方括号中的 size 变量也必须同时传递给该函数。如果仅仅简单地定义函数 printArray 为

void printArray(int array[size]);

是错误的，因为函数无法知道数组实参的长度。也可以采用如下的方式定义该变长数组形参：

void printArray(int array[*]);

这里的*表示主调函数可以传递任意长度的数组。

```
1.   // 源文件：LT11-4.c
2.   #include <stdio.h>
3.   #include <stdlib.h>
4.
5.   void printArray(int size, int array[ size ]);
6.
7.   int main(void)
8.   {
9.       int arraysize;     //数组大小
10.      printf("Enter array size in words:");
11.      scanf("%d",&arraysize);
12.
13.      //采用变量作为数组长度定义变长数组
14.      int array[arraysize];
15.
16.      // 计算变长数组 array 的尺寸
17.      int a = sizeof(array);
18.
19.      for( int i = 0; i < arraysize; i++){
20.          array [i] = i * i;
21.      }
22.
23.      printArray(arraysize, array);
24.
25.      system("PAUSE");
26.      return 0;
27.  }
28.
29.  void printArray(int size, int array[ size ])
30.  {
31.      for( int i = 0; i < size; i++){
32.          printf("array[%d] = %d\n", i, array [i]);
33.      }
34.  }
```

需要注意的是，和 C89 一样，C99 仍然没有提供保护措施来防止超越数组边界外的访问，因此第 17 行和第 21 行都使用了 i < arraysize 作为循环条件来控制对数组的访问。

11.6.2 类型修饰符在数组声明中的应用

C99 中，当函数形参是数组名时，程序员可以在数组定义的方括号内使用关键字 static，以此通知编译程序，该参数指向的数组将至少包含所指定的元素数。例如：

```
int func( char str[ static 80 ])
{
    //str 始终是指向 80 个元素的数组指针
    //……
}
```
其中，str 指向字符数组的起始位置，该字符数组至少包含 80 个元素。

当然，也可以在方括号内使用其他的类型修饰符：restrict、volatile 和 const，但仅用于函数参数。使用 restrict 时，指定指针是对对象进行存取的仅有的初始方法。使用 const 时，表示指针总是指向同一个数组（即指针总是指向同一个对象）。而使用 volatile 是允许的，但是毫无意义。

11.6.3 柔性数组结构成员

C99 允许定义一个结构类型，其最后一个成员是未指定长度的数组。例如：
```
struct example{
    int a;
    int array[ ];    //未知长度数组成员
};
```
其中，柔性数组结构成员 array 是通过声明一个具有一对空的方括号的数组来生成的。为上述的具有柔性数组结构成员的结构类型分配内存空间时，可以使用如下代码：
```
int arraysize = 10;
struct example *ptr;
ptr = (struct example*)malloc(sizeof(struct example) + sizeof(int) * arraysize);
```
由于 sizeof(struct example)不包含分配给 array 的内存，因此当调用 malloc()时，增加了需要分配给柔性数组结构成员 array 的空间：

sizeof(int) * arraysize

11.7　对函数的修改

C99 中对与函数有关的某些特性进行了修改，主要包括增加了 inline 内联函数，不再支持隐含的 int，删除了隐含的函数声明，限定非空类型函数必须使用带有返回值的 return 语句，以及增加了__func__预定义标识符。

11.7.1　inline

C99 允许通过在一个函数声明前加关键字 inline 来声明一个内联函数，这种做法和含义与 C++中的相同。例如下面定义了一个内联函数 max( )：
```
inline int max(int a, int b)
{
    return ( a > b )? a : b ;
}
```
从用户角度来看，内联函数在逻辑上和普通函数没有区别，但实际上，内联函数会提高程序的执行效率。因为编译程序会把内联函数本身的代码替换程序中每一处对该内联函数的调用语句。内联函数会缩短程序的执行时间，但是会增加程序代码所占的空间。内联函数适用于长度很短但经常被调用的函数。

11.7.2 不再支持隐含的 int

和 C++一样，C99 也放弃了隐含的 int 规则。C89 中，隐含的 int 规则指出：在没有明确指定类型定义符时，假定其类型为 int 类型。隐含的 int 规则通常用在函数的返回类型，例如早期的 main( )函数是可以省略返回类型 int 的，而在 C99 和 C++中这是不允许的，必须明确指出主函数的返回类型是 int。

此外，例如下面这样的函数：
```
int max(int a, int b)
{
    return ( a > b )? a : b ;
}
```
通常被写成如下的形式：
```
max(int a, int b)
{
    return ( a > b )? a : b ;
}
```
这时，C89 将默认 max 函数返回类型是 int，而 C99 则不再支持这样的默认写法。

11.7.3 删除了隐含的函数声明

C89 中，如果函数在调用前没有进行明确的声明，则自动创建隐含声明。隐含声明的形式如下所示：

extern int printstar( );

C99 中不再支持隐含函数声明。

11.7.4 对返回值的约束

C89 中，当函数的返回值为非空类型时，允许函数使用不包含返回值的 return 语句，虽然这样函数将返回一个不确定的数据值，但从技术上来看是允许的。这在 C99 中是不允许的，非空类型函数必须使用带有返回值的 return 语句。例如，以下的函数：
```
int fun(void)
{
    // …
    return;
}
```
上述函数在 C89 中是成立的，而在 C99 中是无效的。

11.7.5 __func__预定义标识符

C99 中定义了__func__预定义标识符，用于指出__func__所在的函数名称。例如：

```
void func(void)
{
    static int n = 0;
    n++;
  printf("%s has been called %d time(s).\n", __func__, n);
}
```
其中，__func__表示函数名func。

11.8 预处理命令的修改

C99对预处理程序作了一些小的改变，例如允许宏带变元、增加了_Pragma操作符、增加了内置的编译指令、增加了内置的宏。

11.8.1 变元表

C99允许宏带变元，可以通过在宏定义中用省略号（…）表示。内置的预处理标识符__VA_ARGS__决定了变元将在何处被替换。例如，假设有以下的定义

```
#define MyMax(…) max(__VA_ARGS__)
```

那么，语句

```
MyMax(a,b);
```

被转换为

```
max(a,b);
```

变元还可包含变元，例如：

```
#define compare(compfunc, …) compfunc(__VA_ARGS__)
```

那么，语句

```
compare(strcmp, "one", "two");
```

被转换成

```
strcmp("one", "two");
```

11.8.2 _Pragma操作符

C99中还提供了另一种在程序中定义编译指令的方法：使用_Pragma操作符。其一般形式是：

_Pragma("*directive*");

这里，*directive*是被激活的编译指令。另外，_Pragma操作符允许编译指令参加宏替换。

11.8.3 内置的编译指令（Pragmas）

C99中定义了以下的内置编译指令：

（1）STDC FP_CONTRACT ON/OFF/DEFAULT：当值为on时，浮点表达式被当做基于硬件方式处理的独立单元。默认状态是所定义的工具。

（2）STDC FNEV_ACCESS ON/OFF/DEFAULT：告诉编译程序可以访问浮点环境。默认状态是所定义的工具。

（3）STDC CX_ LIMITED_ RANGE ON/OFF/DEFAULT：当值为 on 时，等于告诉编译程序某些涉及复数的公式是可靠的。默认状态是 off。

11.8.4 增加的内置宏

C99 在 C89 的基础上增加了以下的宏：
（1）__STDC_HOSTED__：如果操作系统存在，则为 1。
（2）__STDC_VERSION__：199901L 或更高。代表 C 的版本。
（3）__STDC_IEC_559__：如果支持 IEC 60559 浮点运算，则为 1。
（4）__STDC_IEC_559_COMPLEX__：如果支持 IEC 60559 复数运算，则为 1。
（5）__STDC_ISO_10646__：由编译程序支持，说明 ISO/IEC 10646 规范的年和月形式的 yyyymmL 值。

11.9　C99 中的新库

C99 中增加了几个新的库和头文件：
（1）complex.h：支持复数运算。
（2）fenv.h：给出了浮点状态标志和浮点环境其他方面的入口。
（3）inttypes,h：定义了一套标准的、可移植的整数类型名称，也支持处理最大位数整数的功能。
（4）iso646.h：1995 年第一次修订中增加该头文件。用于定义与各种运算符相对应的宏，如&&和^。
（5）stdbool.h：支持布尔数据类型。定义了宏 bool、true 和 false。
（6）stdint.h：定义了一套标准的、可移植的整数类型名称。此头部包含在 inttypes.h 中。
（7）tgmath.h：定义了类属的浮点宏。
（8）wchar.h：1995 年第一次修订中增加了该头文件，支持多字节和宽字节功能。
（9）wctype.h：1995 年第一次修订中增加了该头文件，支持多字节和宽字节分类功能。

第三部分 习题参考答案

第1章 程序设计概述

1. 简述计算机的组成及各部分的作用。
   答：略
2. 请指出下列事物哪些属于软件？哪些属于硬件？
   a）中央处理单元 CPU　　　b）C 程序编译器　　　c）输入单元
   d）目标程序　　　　　　　e）算数逻辑单元　　　f）源程序
   答：
   属于软件的是：b）C 程序编译器　　　d）目标程序　　　f）源程序
   属于硬件的是：a）中央处理单元 CPU　　c）输入单元　　　e）算数逻辑单元
3. 解释如下名词的区别。
   a）编译和解释　　　　　　b）源程序、目标程序和机器代码
   c）主程序和子程序　　　　d）个人计算、分布式计算和客户、服务器计算
   e）测试计划和程序验证　　f）编译错误和连接错误
   答：略
4. 为什么大多数情况下需要用与机器无关的计算机语言编写程序,而不采用与机器相关的语言？请试着举一个例子,说明为什么在编写某种特殊类型的程序时还需要采用与机器有关的语言。
   答：略
5. 解释一个在预期前一天开始工作的初学者为什么总是无法按时完成程序。
   答：编写程序的过程不是仅仅编写代码而已，而是一个复杂的过程（参看程序设计的基本步骤）。
6. 简述 C 程序的基本结构。
   答：略
7. C 语言以函数为程序的基本单位，有什么好处？
   答：略
8. 判断对错，并给出自己的理由：程序在编译、运行和产生结果后就可以准备出售。
   答：错，因为程序还需要经过完整的测试、修改和试运行等过程，才能确保稳定运行。
9. 请指出如下哪些是正确的 C 标识符，可以作为 C 程序中变量的名称。
   a）a12_3　　　　　　　　b）we#32　　　　　c）1234　　　　d）be 666
   e）if　　　　　　　　　　f）If　　　　　　　g）2km　　　　h）case
   答：正确的 C 标识符包括：a）a12_3　　　f）If
10. 编写一个 C 程序，输入 a、b、c 三个整数，计算三个整数的和值。
    答：

```c
/*习题1 第10题源程序：XT1-10.C。输出三个整数之和*/
#include <stdio.h>
#include <stdlib.h>

int main(void)
{
    int number1,number2,number3;
    int sum;

    printf("Please input three numbers:");
    scanf("%d%d%d",&number1,&number2,&number3);

    sum=number1+number2+number3;
    printf("Sum is %d\n",sum);

    system("PAUSE");
    return 0;
}
```

第2章 数据、类型和运算

1. 解释如下名词的区别：
   a) 字符型和字符串　　　　b) 型和值　　　　　　c) 左值和右值
   答：略
2. 请指出以下变量定义语句有什么错误。
   a) int a; d = 5;
   答：变量 d 没有定义
   b) doublel   h;
   答：doublel 错误，应该为 double
   c) int c=2.5;
   答：c 为整型变量，初始化时应该给整型初始值。
   d) double h = 2.0 * g;
   答：g 没有定义
3. 请问，在程序中使用符号常量，有哪些好处？
   答：程序中使用符号常量，一方面可增强程序的可读性；另一方面可简化程序修改的工作。
4. 请指出如下哪些是错误的 C 常量，为什么？
   a) .23　　　　　b) 05687　　　c) '1234'　　　　d) 2E3.4
   e) 0x1123　　　f) ""　　　　　g) '\123'　　　　h) '\68'
   答：错误的 C 常量包括：
   b) 05687　　　　　八进制整数常量不能出现 8
   c) '1234'　　　　　字符常量只能是一个字符
   d) 2E3.4　　　　　浮点型常量中字母 E 后面只能是整数
   h) '\68'　　　　　字符常量只能是一个字符
5. 请指出下述程序的运行结果。
   #include <stdio.h>
   #include <stdlib.h>
   int main( )
   {
   　　　printf("??ab?c\t?dfrge\rf\tg\n");
   　　　printf("h\ti\b\b\bj???k");
   　　　system("PAUSE");
   　　　return 0;

    }
    答：程序的运行结果是：
    f   gdfrge
    h   j???k 请按任意键继续…

6. 请写出将整型变量 a 增 1 的 4 种不同的 C 表达式。
   答：整型变量 a 增 1 的 4 种不同的 C 表达式如下所示：
   a = a+1;
   a++;
   ++a;
   a += 1;

7. 将如下的公式或命题表示成 C 的表达式：
   a) 公制单位转换：升 = 盎司 / 33.81474
   b) 圆：周长 = 2× π ×r
   c) 正三角形：面积 = b h / 2
   d) 年龄大于等于 18 岁，小于等于 50 岁
   e) 环形：面积= π ×（外半径 1−内半径 2）
   答：
   a) 首先定义变量：double liter, ounce; 表达式为   liter=ounce/33.81474
   b) 首先定义： #define PI 3.1415
                  double r,length;
         表达式为   length=2*PI*r
   c) 首先定义变量：double b,h,area;   表达式为   area=b*h/2.0
   d) 首先定义变量：int age;   表达式为   (age>=18)&&(age<=50)
   e) 首先定义： #define PI 3.1415
                  double r1,r2,area;
      表达式为   area=PI*(r1*r1-r2*r2)

8. 使用给定数值，计算以下表达式的值，并指出 k 和 m 中保存的数值是多少。每次都从 k 的初始值开始。
   int m, k = 10;
   a) m = ++k;
   b) m = k++;
   c) m= − −k/2;
   d) m = 3 * k− −;
   答：
   a) k 为 11，m 为 11
   b) k 为 11，m 为 10
   c) k 为 9，m 为 4
   d) k 为 9，m 为 30

9. 使用如下数值，计算每个表达式的值，并说明表达式的结果是 true 还是 false。
   int h = 0;

int j = 7;
int k = 1;
int n = −3;
a) k && n
b) !k && j
c) k || j
d) k || !n
e) j > h && j < k
f) j > h || j < k
g) j > 0 && j < h || j < k
h) j < h || h < k && j < k

答：表达式结果为 true 的是：a) c) d) f)
其余表达式结果为 false

10. 请写出如下程序的运行结果。
```
#include <stdio.h>
#include <stdlib.h>
int main(void)
{
    unsigned int a = 0152, b = 0xbb;
    printf("%x\n", a | b);
    printf("%x\n", a & b);
    printf("%x\n", a ^ b);
    printf("%x\n", ~a + ~b);
    printf("%x\n", a <<= b);
    printf("%x\n", a >> 2);
    system("PAUSE");
    return 0;
}
```
答：
在 Dev c++、VC2005 中的运行结果是：
fb
2a
d1
ffffed9
50000000
14000000
请按任意键继续…

而在 TURBO C 中的运行结果是：
fb

2a
d1
fed9
0
0
Press any key to comtinue…

说明：a<<b 运算中，当 b 的取值超过 a 的实际位数时，标准 c 没有规定左移运算的计算规则。实际系统对该运算处理存在差异，一种是按 b 的取值移位，结果为 0；另一种情况是将 b 对 a 的位数取余，将取余的结果作为左移的位数。

11. 下列语句中哪些正确表达了等式 $y = a x^3 + 7$ 的含义？

  a）y = a * x * x * x + 7;
  b）y = a * x * x * (x + 7);
  c）y = (a * x) * x * (x + 7);
  d）y = (a * x) * x * x + 7;
  e）y = a * (x * x * x) + 7;
  f）y = a * x * (x * x + 7);

  答：正确表达了等式 $y = a x^3 + 7$ 含义的选项包括：a） d） e）。

12. 请说明下列 C 语句中运算符的运算结合顺序并给出该语句运算后变量 x 的值。

  a）x = 7 + 3 * 5 / 2 – 1;
  b）x = -3 % 2 + 2 * 2 – 2 / 2;
  c）x = (3 * 9 * (3 + (9 * 3 / (3))));

  答：假设 x 是整型，则

  a）x 的值是 13，计算顺序是：首先计算 3*5 得到 15；第二步计算 15/2 得到 7；第三步计算 7+7 得到 14；第四步计算 14–1 得到 13，最后将 13 赋给 x。

  b）x 的值是 2，计算顺序是：首先计算–3%2 得到–1；第二步计算 2*2 得到 4；第三步计算 2/2 得到 1；第四步计算–1+4 得到 3；第五步计算 3–1 得到 2；最后把 2 赋给 x。

  c）x 的值是 324，计算顺序是：第一步计算 9*3 得到 27；第二步计算 27/3 得到 9；第三步计算 3+9 得到 12；第四步计算 3*9 得到 27；第五步计算 27*12 得到 324；最后把 324 赋给 x。

13. 请编写一个程序，输入两个整数，计算并输出它们的和、乘积、差、商和余数。

答：

```
/*习题2第12题源程序：XT2-12.C*/
/* 输入两个整数，计算并输出它们的和、乘积、差、商和余数 */
#include <stdio.h>
#include <stdlib.h>

int main(void)
{
    int number1,number2;
```

```
        printf("Please input two numbers:");
        scanf("%d%d",&number1,&number2);

        printf("%d + %d = %d\n",number1,number2,number1+number2);
        printf("%d * %d = %d\n",number1,number2,number1*number2);
        printf("%d - %d = %d\n",number1,number2,number1-number2);
        printf("%d / %d = %d\n",number1,number2,number1/number2);
        printf("%d %% %d = %d\n",number1,number2,number1%number2);

        system("PAUSE");
        return 0;
    }
```

14. 请编写一个程序，输入两个整数，判断第二个数是否是第一个数的倍数。

    答：
    /* 习题 2 第 13 题源程序：XT2-13.C */
    /* 输入两个整数，判断第二个数是否是第一个数的倍数 */
```
    #include <stdio.h>
    #include <stdlib.h>

    int main(void)
    {
        int number1,number2;

        printf("Please input two numbers:");
        scanf("%d%d",&number1,&number2);

        if(number1%number2= =0)
            printf("%d 是 %d 的倍数\n",number1,number2);
        else
            printf("%d 不是 %d 的倍数\n",number1,number2);

        system("PAUSE");
        return 0;
    }
```

15. 请编写一个程序，输入一个整数，判断其是偶数还是奇数。

    答：/* 习题 2 第 14 题源程序：XT2-14.C */
    /* 输入一个整数，判断其是偶数还是奇数 */
```
    #include <stdio.h>
    #include <stdlib.h>
```

```c
int main(void)
{
    int number;
    
    printf("Please input a number:");
    scanf("%d",&number);
    
    if(number%2= =0)
        printf("%d 是偶数\n",number);
    else
        printf("%d 是奇数\n",number);
    
    system("PAUSE");
    return 0;
}
```

16. 请编写一个程序，输入一个圆的半径，计算并输出圆的直径、周长和面积。要求定义符号常量 PI 代表 3.141592。

答：

```c
/* 习题2 第15题源程序：XT2-15.C */
/* 输入一半径，输出圆的直径、周长和面积 */
#include <stdio.h>
#include <stdlib.h>
#define PI 3.141592

int main(void)
{
    double r;
    
    printf("请输入圆的半径:");
    scanf("%lg",&r);
    
    printf("圆的直径是%g \n",2*r);
    printf("圆的周长是%g \n",2*PI*r);
    printf("圆的面积是%g \n",PI*r*r);
    
    system("PAUSE");
    return 0;
}
```

第3章 简单程序设计

1. 请找出并更正以下程序片段中的错误：
   a) scanf("%.4f", &value);
   b) printf("The value is %d", &number);
   c) scanf("%d%d", &number1, number2);
   d) firstNumber + secondNUmber = sumOfNumbers;
   e) */ Program to determine the largest of three numbers/*

   答：
   a) 错误点：%.4f，scanf 输入实数不能使用精度说明符。改为%f。
   b) 错误点：&number，这里应该输出变量 number 的值而不是其地址。改为 number。
   c) 错误点：number2，scanf 输入项应该是变量的地址而不是变量名。改为&number2。
   d) 错误点：firstNumber + secondNUmber 没有左值，不能被赋值。可改为 sumOfNumbers = firstNumber + secondNUmber;
   e) 错误点：*/   /*不是注释符，应改为
   /* Program to determine the largest of three numbers */

2. 下列语句中哪些正确表达了等式 $y = ax^3 + 7$ 的含义：
   a) y = a * x * x * x + 7;
   b) y = a * x * x * (x + 7);
   c) y = (a * x) * x * x + 7;
   d) y = (a * x) * x * (x + 7);
   e) y = a * (x * x * x) + 7;
   f) y = a * x * (x * x + 7);

   答：正确表达了等式 $y = ax^3 + 7$ 的含义的选项包括：a)   c)   e)。

3. 请分别写出实现以下功能的 C 语句（或注释）：
   a) 将变量 a 和 b 的乘积赋值给变量 c。
   b) 提示用户输入三个整数。
   c) 从键盘输入 3 个整数分别存入变量 a、b 和 c 中。
   d) 说明程序的功能是计算三个整数的乘积。
   e) 打印"The product is   "，并紧跟着打印整型变量 result 的值。

   答：
   a) c=a*b;
   b) printf("请输入三个整数，以空格间隔：");
   c) scanf("%d%d%d",&a,&b,&c);

d) /*程序的功能是计算三个整数的乘积*/

e) printf("The product is %d",result);

4. 设 a = 3，b = 4，c = 5，d = 1.2，e = 2.23，f = – 43.56，编写程序，使程序输出为：

a = □□3, b = 4□□□, c = * * 5

d = 1.2

e = □□2.23

f = – 43.5600□□ * *

（其中 □ 表示空格）

答：

/*C 程序设计导论，第 57 页习题 2.3。源程序：XT3–1.C*/

#include <stdio.h>

#include <stdlib.h>

int main(void)

{

    int a=3,b=4,c=5;

    double d=1.2,e=2.23,f=-43.56;

    printf("\n 习题 2.3：控制台输入输出练习！\n\n");

    printf("a=%3d,b=%-4d,c=**%d\n",a,b,c);

    printf("d=%3.1f\n",d);

    printf("e=%6.2f\n",e);

    printf("f=%-10.4f**\n\n",f);

    system("PAUSE");

    return 0;

} /*end main*/

5. 执行下列程序，按指定方式输入（其中 □ 表示空格），能否得到指定的输出结果？若不能，请修改程序，使之能得到指定的输出结果。

输入：2□3□4↙

输出： a = 2, b = 3, c = 4

        x = 6 , y = 24

程序如下：

#include <stdio.h>

#include <stdlib.h>

int main(void)

{

    int a , b , c ,x ,y;

    scanf(" %d , %d , %d ", a , b , c);

```
        x = a*b ;
        y = x*c;
        printf(" %d %d %d ",a , b , c);
        printf(" x=%f\n ",x , " y=%f\n " , y);
    }
```

答：程序按指定方式输入不能得到指定的输出结果。程序修改如下所示：

```
#include <stdio.h>
#include <stdlib.h>
int main(void)
{
    int a , b, c ,x ,y;
    scanf(" %d%d%d ", &a , &b , &c);
    x = a*b ;
    y = x*c;
    printf(" a = %d, b = %d, c = %d \n",a , b , c);
    printf(" x = %d , y = %d\n" , x, y);
}
```

6. 请编写一个这样的程序：读入 5 位正整数，分割该数各位上的数字并以间隔 3 个字符的形式依次打印输出（提示：组合使用整数除法和求余数运算符）。例如输入 31587，则程序应该输出：
□□3□□1□□5□□8□□7
（□表示空格）

答：
/* 习题 3 第 6 题源程序：XT3-6.C */
/* 读入 5 位正整数，分割各位上的数字以间隔 3 个字符的形式输出 */
```
#include <stdio.h>
#include <stdlib.h>

int main(void)
{
    int number;
    int n1,n2,n3,n4,n5;

    printf("\n 请输入一个 5 位的正整数\n");
    scanf("%d",&number);

    n1=number%10;
    n2=number%100/10;
    n3=number%1000/100;
    n4=number%10000/1000;
```

```
            n5=number/10000;

            printf("%3d%3d%3d%3d%3d\n",n5,n4,n3,n2,n1);

            system("PAUSE");
            return 0;
}     /*end main*/
```

7. （温度转换）编写一个程序实现华氏温度到摄氏温度的转换，转换公式如下

$$摄氏温度 = \frac{(华氏温度-32) \times 5}{9}$$

答：

```
/* 习题3 第7题源程序：XT3-7.C */
/*华氏温度到摄氏温度的转换*/
#include <stdio.h>
#include <stdlib.h>

int main(void)
{
    double f,c;

    printf("\n 华氏温度到摄氏温度的转换！\n\n");

    printf("请输入华氏温度：");
    scanf("%lf",&f);

    c=(f-32.0)*5.0/9.0;

    printf("\n 华氏温度：%8.3f\n",f);
    printf("等于\n 摄氏温度：%8.3f\n\n",c);

    system("PAUSE");
    return 0;
}     /*end main*/
```

8. （重量转换）编写一个程序读取以磅为单位的重量，将其转换以克为单位，输出原始重量和转换后的重量。要求编写程序草图或画出程序流程图，并设计测试计划。

提示：一磅等于454克。

答：

程序草图如下所示：

1. 定义变量 pound、gram，分别表示以磅和克为单位的重量
2. 显示程序的标题
3. 提示输入以磅为单位的重量
4. 输入重量到变量 pound
5. 重量转换：gram=pound*454
6. 输出以克为单位的重量
7. 程序结束

参考测试计划如下所示：

pound	gram
0	0
1	454
1.2	544.8
15.32	6955.28

源程序如下所示：

```
/* 习题3 第8题源程序：XT3-8.C */
#include <stdio.h>
#include <stdlib.h>

int main(void)
{
    double pound,gram;

    printf("\n 重量转化，磅转换为克！\n\n");

    printf("请输入重量（单位 磅）: ");
    scanf("%lf",&pound);

    gram=pound*454;

    printf("\n%8.3f 磅\t",pound);
    printf("等于\t%8.3f 克\n\n",gram);

    system("PAUSE");
    return 0;
}  /*end main*/
```

9. （距离转换）编写一个程序将距离从英里转换为公里，每英里等于5280英尺，每英尺等于12英寸，每英寸等于2.54厘米，而每公里等于100000厘米。要求编写程序草图或画

出程序流程图，并设计测试计划。

答：

程序草图或程序流程图、以及测试计划略。

源程序如下所示：

```c
/* 习题3 第9题源程序：XT3-9.C */
#include <stdio.h>
#include <stdlib.h>

int main(void)
{
    double mile,kilometer;

    printf("\n 距离转换，英里转换为公里！\n\n");

    printf("请输入距离（单位 英里）: ");
    scanf("%lf",&mile);

    kilometer=mile*5280*12*2.54/100000;

    printf("\n%8.3f 英里\t",mile);
    printf("等于\t%8.3f 公里\n\n",kilometer);

    system("PAUSE");
    return 0;
}   /*end main*/
```

第4章 流程控制

1. 指出并更正以下程序段的错误（可能不止一个错误）：

   a) x = 1;
      while(x <= 10);
              x++;

      答：错误：while 语句头后面的分号导致无限循环。
              改正：删除 while(x<=10); 这一行中的分号。

   b) for(y = .2; y != 1.0; y += .2)
              printf("%f\n", y);

      答：错误：使用浮点数控制 for 循环语句。原因：计算机中的浮点数是不精确数，存在计算误差，采用浮点数控制循环，容易导致循环条件测试错误。
              改正：将变量 y 定义为整型，上述语句改正如下所示：
      for(y=2;y!=10;y+=2)
              printf("%f\n",(float)y/10);

   c) switch(n)
      {
              case 1:   printf("The number is 1\n");
              case 2:   printf("The number is 2\n");
              default: printf("The number is not 1 or 2\n");
                          break;
      }

      答：错误：在第一个和第二个 case 选项中缺少 break 语句；
              改正：在第一个和第二个 case 选项中程序段的结尾添加 break 语句。
      如下所示：
      switch(n){
              case 1:   printf("The number is 1\n");break;
              case 2:   printf("The number is 2\n");break;
              default: printf("The number is not 1 or 2\n");
                        break;
      }

   d) 以下程序段输出 1 到 10（包含 10）的值：
      n = 1;
      while(n < 10)
              printf("%5d", n);

答：错误 1：在 while 循环条件中使用了不适当的关系运算符。
改正：将<改为<=
错误 2，循环中没有修改变量 n 的值的操作，造成无限循环。
改正：将 printf( )语句改为 printf("%5d"，n++);

e) for(x = 100, x >= 1, x++)
    printf("%d\n", x);
答：错误 1：for 语句的增值部分错误，造成无限循环。
改正：x++改为 x- -
错误 2：for( )语句中两个间隔符逗号错误。
改正：将 for( )园括号中的逗号改为分号，即 for（x=100; x>=1; x- -）

2. 指出以下程序段中输出变量 x 的值：
   a) for(x = 2; x <= 13; x += 2)
        printf("%d",x);
      答：2 4 6 8 10 12
   b) for(x = 5; x <= 22; x += 7)
        printf("%d\n",x);
      答：5 12 19
   c) for(x = 3; x <= 15; x += 3)
        printf("%d\n",x);
      答：3 6 9 12 15
   d) for(x = 1; x <= 5; x += 3)
        printf("%d\n",x);
      答：1 4
   e) for(x = 12; x >= 2; x -= 3)
        printf("%d\n",x);
      答：12 9 6 3

3. 有一分段函数：

$$y = \begin{cases} x & x < 1 \\ 2x-1 & 1 \leq x \leq 10 \\ 3x-11 & x \geq 10 \end{cases}$$

请编写一个程序，输入 x 值，输出 y 值。
答：
/* 习题 4 第 3 题源程序：XT4-3.C */
#include <stdio.h>
#include <stdlib.h>

int main(void)
{
    double x,y;

```
            printf("\n 求解分段函数！\n\n");

            printf("请输入 x 的值：");
            scanf("%lf",&x);

            if(x<1)
                y=x;
            else
                if(x<10)
                    y=2*x-1;
                else
                    y=3*x-11;

            printf("\nx=%f\t",x);
            printf("\ty=%f\n\n",y);

            system("PAUSE");
            return 0;
      }   /*end main*/
```

4. 请编写一个程序，输入 4 个整数，要求按由小到大的次序输出。

答：

```
/* 习题 4 第 4 题源程序：XT4-4.C */
#include <stdio.h>
#include <stdlib.h>

int main(void)
{
    int t,a,b,c,d;

    printf("请输入四个数：");
    scanf("%d%d%d%d",&a,&b,&c,&d);
    printf("\n\n a=%d,b=%d,c=%d,d=%d\n",a,b,c,d);

    if(a>b)
    {t=a;a=b;b=t;}
    if(a>c)
    {t=a;a=c;c=t;}
    if(a>d)
    {t=a;a=d;d=t;}
```

```
        if(b>c)
           {t=b;b=c;c=t;}
        if(b>d)
           {t=b;b=d;d=t;}

        if(c>d)
           {t=c;c=d;d=t;}

        printf("\n 排序后的结果如下:\n");
        printf("   %d    %d    %d    %d \n",a,b,c,d);

        system("PAUSE");
        return 0;
    }   /*end main*/
```

5. 请编程计算二次方程 $ax^2+bx+c=0$ 的根。

答:

```
/* 习题4第5题。源程序: XT4-5.C */
#include <stdio.h>
#include <stdlib.h>
#include <math.h>

int main(void)
{
    float a,b,c,d,disc,x1,x2,realpart,imagpart;

    scanf ("%f,%f,%f",&a,&b,&c);
    fflush(stdin);

    printf("The equation");
    if (fabs(a)<=1e-6)
        printf("is not a quadratic\n");
    else
    {
        disc=b*b-4*a*c;
        if (fabs(disc)<=1e-6)
            printf("has two equal roots:%8.4f\n",-b/(2*a));
        else   if (disc>1e-6)
        {    x1=(-b+sqrt(disc))/2*a;
             x2=(-b-sqrt(disc))/2*a;
             printf("has distinct real roots: %8.4f and %8.4f\n",x1,x2);
```

```
            }
        else
        {   realpart=-b/(2*a);
            imagpart=sqrt(-disc)/(2*a);
            printf("has complex roots:\n");
            printf("%8.4f+%8.4fi\n",realpart,imagpart);
            printf("%8.4f-%8.4fi\n",realpart,imagpart);
        }
    }

    system("PAUSE");
    return 0;
}   /*end main*/
```

6. 运输公司对用户计算运费。公司规定，路程越远，每公里运费越低。标准如下：

   S＜250km   没有折扣
   250≤S＜500   2%折扣
   500≤S＜1000   5%折扣
   10000≤S＜2000   8%折扣
   2000≤S＜3000   10%折扣
   3000≤S   15%折扣

   设每公里每吨货物的基本运费为 P，货物重量为 W，距离为 S，折扣为 d，分别用 if 结构和 switch 结构编写程序，计算总运费 F，计算公式为：

   $$F=P*W*S*(1-d)$$

答：
```
/* 习题 4 第 6 题，源程序：XT4-6-1.C */
/* 计算运费；if 语句版本            */
#include <stdio.h>
#include <stdlib.h>

int main(void)
{
    double f,s;
    double p,w,d;

    printf("\n 习题 4-6：计算运费！\n\n");

    printf("请输入基本运费（ 单位   元/吨 ）：");
    scanf("%lf",&p);
    printf("请输入货物重量（ 单位   吨 ）、运输距离（单位 km）：");
    scanf("%lf%lf",&w,&s);
```

```
        if(s<=0)
            printf("\n 输入错误：运输距离必须大于 0！\n");
        else
        {
            if(s<250)
                d=0.0;
            else
                if(s<500)
                    d=0.02;
                else
                    if(s<1000)
                        d=0.05;
                    else
                        if(s<2000)
                            d=0.08;
                        else
                            if(s<3000)
                                d=0.1;
                            else
                                d=0.15;

            f=p*w*s*(1-d);

            printf("\n 运输距离=%f\t 货物重量=%f\t 折扣=%4.2f",s,w,d);
            printf("\n 运费=%.2f\n\n",f);
        }

        system("PAUSE");
        return 0;
}   /*end main*/


/* 习题 4 第 6 题，源程序：XT4-6-2.C */
/*计算运费：switch 语句版本         */
#include <stdio.h>
#include <stdlib.h>

int main(void)
{
    double f,s;
    double p,w,d;
```

```
    int c;

    printf("\n 习题 4-6：计算运费！\n\n");

    printf("请输入基本运费（单位　元/吨）：");
    scanf("%lf",&p);
    printf("请输入货物重量（单位　吨）、运输距离（单位 km）：");
    scanf("%lf%lf",&w,&s);

    if(s<=0)
        printf("\n 输入错误：运输距离必须大于 0！\n");
    else
    {
        c=(int)s/250;
        switch(c)
        {
            case 0: d=0.0;
                    break;
            case 1: d=0.02;
                    break;
            case 2:
            case 3: d=0.05;
                    break;
            case 4:
            case 5:
            case 6:
            case 7: d=0.08;
                    break;
            case 8:
            case 9:
            case 10:
            case 11:d=0.1;
                    break;
            default: d=0.15;
        }

        f=p*w*s*(1-d);

        printf("\n 运输距离=%f\t 货物重量=%f\t 折扣=%4.2f",s,w,d);
        printf("\n 运费=%.2f\n\n",f);
```

}

```
        system("PAUSE");
        return 0;
}   /*end main*/
```

7. 一家邮购店出售 5 种不同的商品，其零售价如表 4-4 所示。请编写一个程序，读入一系列的数对：

   a) 产品号；

   b) 每天的销售数量。

   用 switch 语句实现对商品价格的确定，最后计算并输出上周出售商品的总价值。

表 4-4　　　　　　　　　　　　　　　商品单价表

产品号	单　价
1	2.98
2	4.50
3	9.98
4	4.49
5	6.87

答：

/*习题 4 第 7 题：计算上周出售商品的总价值。源程序：XT4-7.C*/

```
#include <stdio.h>
#include <stdlib.h>

int main(void)
{
    int pid,pcount;
    double result=0,price;

    for(pid=1;pid<=5;pid++)
    {
    printf("请输入上周%d 号产品出售的数量：",pid);
    do{
        scanf("%d",&pcount);
    }while(pcount<0);

    switch(pid){
            case 1: price=2.98;break;
            case 2: price=4.50;break;
```

```
                case 3: price=9.98;break;
                case 4: price=4.49;break;
                case 5: price=6.87;
            }
            result+=price*pcount;
        }

        printf("上周出售的产品总价值是：%.2f 元\n",result);

        system("PAUSE");
        return 0;
    }    /*end main*/
```

8. 请编写一个程序，实现用 $\pi/4 \approx 1-1/3+1/5-1/7+1/9\cdots$ 公式求 π 的近似值，直到最后一项的绝对值小于 10^{-6} 为止。

答：

```
/* 习题 4 第 8 题，源程序：XT4-8.C */
#include <stdio.h>
#include <stdlib.h>

int main(void)
{
    double pi=1,i=-1,j=3;
    while ((1/j)>=1e-6)
    {
        pi+=1/j*i;
        i=-i;
        j=j+2;
    }
    pi=pi+1/j*i;
    pi*=4;
    printf("%.8f\n",pi);

    system("PAUSE");
    return 0;
}    /*end main*/
```

9. 请编写一个程序，找出若干个整数的最小值。假定第一个读入的整数表示要处理的整数个数。

答：

/*习题 4 第 9 题：找出若干个整数的最小值。源程序：XT4-9.C*/
#include <stdio.h>

```c
#include <stdlib.h>

int main(void)
{
    int numcount, min, number;

    printf("请输入整数的个数：");
    scanf("%d",&numcount);
    fflush(stdin);

    if(numcount>0)
    {
        printf("请输入第一个整数：");
        scanf("%d",&number);
        numcount--;
        min=number;
        while(numcount>0)
        {
            printf("请输入下一个整数：");
            scanf("%d",&number);
            if(number<min)
                min=number;
            numcount--;
        }
        printf("最小的整数是：%d\n",min);
    }

    system("PAUSE");
    return 0;
}   /*end main*/
```

10. 请编写一个程序，打印所有 1 到 21 的奇数的乘积。

答：
/*习题 4 第 10 题：打印所有 1 到 21 的奇数的乘积。源程序：XT4-10.C*/
/*注意：数据类型选择的是 long int 类型*/
```c
#include <stdio.h>
#include <stdlib.h>

int main(void)
{
    long int number,result=1;
```

```
        for(number=1;number<=21;number+=2)
            result *= number;

        printf("1 到 21 的奇数的乘积是：%ld\n",result);

        system("PAUSE");
        return 0;
    }  /*end main*/
```

11. 有一个数列：1/2，2/3，3/5，5/8，8/13，13/21……请编写一个程序，计算数列的前 100 项之和。

    答：
    /* 习题 4 第 11 题，源程序：XT4-11.C */
    #include <stdio.h>
    #include <stdlib.h>

```
    int main(void)
    {
        int n,t,number=20;
        float a=2,b=1,s=0;

        for(n=1;n<=number;n++)
        {
            s=s+b/a;
            t=a;a=a+b;b=t;
        }
        printf("总和=%9.6f\n",s);

        system("PAUSE");
        return 0;
    }  /*end main*/
```

12. 猴子吃桃子问题。猴子第一天摘下若干桃子，当即吃了一半又多吃了一个，第二天早上又将剩下的桃子吃掉一半又多吃了一个。以后每天早上都吃了前一天剩下的一半加一个。到第 10 天早上想吃时，就只剩下一个桃子了。求第一天共摘了多少桃子。

    答：
    /*习题 4 第 12 题：猴子吃桃子问题。源程序：XT4-12.C*/
    #include <stdio.h>
    #include <stdlib.h>

```
    int main(void)
    {
```

```
        int day,x1,x2;

        printf("\n 求解猴子吃桃问题\n\n");

        day=9;
        x2=1;
        while(day>0)
        {
            x1=(x2+1)*2;
            x2=x1;
            day--;
        }
        printf("桃子总数=%d\n\n",x1);

        system("PAUSE");
        return 0;
    }   /*end main*/
```

13. 请编写程序，实现用二分法求方程 $2x^3-4x^2+3x-6=0$ 在（-10,10）之间的根。

答：

```
/*习题 4 第 13 题：二分法求方程的根。源程序：XT4-13.C*/
#include <stdio.h>
#include <math.h>
#include <stdlib.h>

int main(void)
{
    float x0,x1,x2,fx0,fx1,fx2;

    do
    {
        printf("请输入 x1,x2 的值：\n");
        scanf("%f,%f",&x1,&x2);
        fx1=x1*((2*x1-4)*x1+3)-6;
        fx2=x2*((2*x2-4)*x2+3)-6;
    }while(fx1*fx2>0);

    do{
        x0=(x1+x2)/2;
        fx0=x0*((2*x0-4)*x0+3)-6;
        if((fx0*fx1)<0){
```

```
                    x2=x0;
                    fx2=fx0;
                }
                else{
                    x1=x0;
                    fx1=fx0;
                }
        }while(fabs(fx0)>=1e-5);

        printf("方程的根是%6.2f\n",x0);

        system("PAUSE");
        return 0;
    }   /*end main*/
```

14. 请编写一个程序打印所有的"水仙花数",所谓"水仙花数"是指一个 3 位数,其各位数字的立方和等于该数本身。例如,153 是一个水仙花数,因为 $153=1^3+5^3+3^3$。

答:

```
/*习题4 第14题:水仙花数。源程序:XT4-14.C*/
#include <stdio.h>
#include <math.h>
#include <stdlib.h>

int main(void)
{
    int i,j,k,n;

    printf("水仙花数是:");
    for(n=100;n<1000;n++)
    {
        i=n/100;
        j=n/10-i*10;
        k=n%10;
        if(i*100+j*10+k= =i*i*i+j*j*j+k*k*k)
        {
            printf("\n%d",n);
        }
    }
    print f("\n");

    system("PAUSE");
```

       return 0;
    } /*end main*/
15. 两个乒乓球队进行比赛,各队出三人,每人与对方队的一人进行一场比赛,甲队出 A、B、C 三人,乙队出 X、Y、Z 三人。请编程找出所有可能的对阵情况。抽签之后,有人向队员打听对阵情况, A 说他不和 X 比,C 说他不和 X、Z 比,编程找出三个对手名单。

答：
/*习题 4 第 15 题：安排比赛场次。源程序：XT4-15.C*/
#include <stdio.h>
#include <stdlib.h>

int main(void)
{
    char i,j,k;

    printf("\n 安排比赛场次 \n\n");

    for(i='x';i<='z';i++)
        for(j='x';j<='z';j++)
        {
            if(i!=j)
                for(k='x';k<='z';k++)
                {
                    if(i!=k&&j!=k)
                    {
                        if(i!='x'&&k!='x'&&k!='z')
                         printf("\n 比赛场次安排：a--%c\tb--%c\tc--%c\n\n",i,j,k);
                    }
                }
        }

    system("PAUSE");
    return 0;
} /*end main*/

第 5 章　函　数

1. 请找出并更正以下程序片段中的错误：
   a) double cube(float);
      ……
      cube(float number)
      { return number * number * number;
      }
      答：错误：函数 cube 说明和定义时的返回类型不一致。原因：函数 cube 定义没有指明返回类型，默认为整型；
      改正：函数 cube 定义时返回类型明确为 double，如下所示：
      double cube(float number)
      { return number*number*number;}
   b) int randNumber = srand();
      答：错误：库函数 srand 调用不正确。
      改正：改为调用 rand()函数。
   c) double square(double number)
      { double number;
      return number * number;
      }
      答：错误：重复定义 number。
      改正：删除函数 square 内大括号后面的变量 number 定义。
   d) int sum(int x, int y)
      { int result;
      result = x + y;
      }
      答：错误：函数 sum 中没有返回语句。
      改正：在函数 sum 中右大括号前面添加返回语句。
            return result;
   e) void f(float a);
      { float a;
      printf("%f",a);
      }
      答：错误 1：重复定义变量 a；函数定义首行行尾多了分号。

改正：删除左大括号前面的分号，以及其后面变量 a 的定义语句。

错误 2：重复定义变量 a。

改正：删除函数体中的 a 定义语句。

f）void product(void)
{
 int a, b, c, result;
 printf("Enter three integers:");
 scanf("%d%d%d", &a, &b, &c);
 result = a * b * c;
 printf("Result is %d", result);
 return result;
}

答：错误：错误使用返回语句，void 类型函数不能有返回值。

改正：删除 return 语句。

g）register auto int n = 8;

答：错误：自动变量不能定义为寄存器变量。

改正：要么定义寄存器变量，要么定义自动变量，即删除 register 和 auto 中的一个。

2. 请解释以下概念的区别：
 a）实参和形参
 b）函数原型和函数首行
 c）函数声明、函数调用和函数定义
 d）函数和类函数宏

答：略

3. 如果遗漏#include 命令，编译程序会如何？程序能否编译？能否正常工作？

答：遗漏#include 命令，编译程序会发出警告。

例如在 Visual C++2005 中会出现如下类似的警告信息：

d:\09-学生作业\2009 年-高级语言-作业布置\作业源代码\chapter 5\xt5-6.c(24)：warning C4013: "printf"未定义；假设外部返回 int

d:\09-学生作业\2009 年-高级语言-作业布置\作业源代码\chapter 5\xt5-6.c(27)：warning C4013: "scanf"未定义；假设外部返回 int

d:\09-学生作业\2009 年-高级语言-作业布置\作业源代码\chapter 5\xt5-6.c(33)：warning C4013: "system"未定义；假设外部返回 int

程序可编译，但不能保证一定正常工作。

4. 根据下面的函数原型和函数说明，判断所列出的函数调用是否正确，如果有错误，请指出并修改。

double rand_dub(void);
int half(double);
int series(int, int, double);
int j, k;
float f, g;

double x, y;

答：

a) half(5);

答：错误，没有使用函数调用的返回值；改为 k=half(5);

b) rand_dub(y);

答：错误，rand_dub()函数没有参数，而且没有使用函数调用的返回值。改为 y=rand_dub();

c) x = rand_dub();

答：正确。

d) j = half();

答：错误，half()函数调用缺少参数。改为 j=half(x);

e) f = half(x);

答：错误，函数half()返回值是int类型，赋给了float变量f，最好赋给整型变量。

f) j = series(x,5);

答：错误，series()函数调用的参数少了1个，而且第一个实参x类型与相应形参类型不一致，引发类型转换。改为 j=series(5,k,x);

g) printf("%g   %g\n", x, half(x));

答：错误，第二个格式符%g错误。因为half(x)返回类型为int，应该改为%d。

5. 请编写一个判断素数的函数，在主函数中输入一个整数，输出是否为素数的信息。

答：

/*习题5 第5题：判断一个整数是否为素数。源程序：XT5-5.C*/
#include <stdio.h>
#include <stdlib.h>

/* 函数 prime：判断整数是否为素数   */
int prime(int number)
{
    int flag=1,n;

    if(number<=1)
         flag=0;
     else
         for(n=2;n<=number/2&&flag= =1;n++)
           if(number%n= =0)
               flag=0;

    return(flag);
}   /*end prime*/

/*主函数*/

```c
    int main(void)
    {
        int number;

        printf("\n 素数判断程序\n\n");

        printf("请输入一个正整数: ");
        scanf("%d",&number);

        if(prime(number))
          printf("\n %d 是素数。\n\n",number);
        else
          printf("\n %d 不是素数。\n\n",number);

        system("PAUSE");
        return 0;
    }    /*end main*/
```

6. 请编程求方程 $ax^2+bx+c=0$ 的根,从主函数输入 a、b、c 的值,并用三个函数分别求当 b^2-4ac 大于 0、等于 0 和小于 0 时的根,并输出结果。

答:

```c
/*习题5 第6题: 求解一元二次方程。源程序: XT5-6.C*/
#include <stdio.h>
#include <stdlib.h>
#include <math.h>

float x1,x2,disc,p,q;

/* 函数 greater_than_zero: 求解两个不同实根 */
void greater_than_zero(float a,float b)
{
  x1=(-b+sqrt(disc))/(2*a);
  x2=(-b-sqrt(disc))/(2*a);
}

/* 函数 equal_than_zero: 求解两个相同实根 */
void equal_to_zero(float a,float b)
{
    x1=x2=(-b)/(2*a);
}
```

```c
/* 函数 smaller_than_zero: 求解两个虚根的实部和虚部 */
void smaller_than_zero(float a,float b)
{
 p=-b/(2*a);
 q=sqrt(-disc)/(2*a);
}

/*主函数*/
int main(void)
{
    float a,b,c;

    printf("\n 求解一元二次方程！\n\n");

printf("\n 输入方程式的系数（a,b,c）:");
scanf("%f,%f,%f",&a,&b,&c);

printf("\n 方程是：%5.2f*x*x+%5.2f*x+%5.2f = 0\n",a,b,c);

if(a==0&&b==0)
        printf("\na 和 b 都为 0，方程不成立！\n\n");
    else
        if(a==0)
             printf("\n 一元二次方程，根等于：%f\n\n",-c/b);
        else
        {
            disc=b*b-4*a*c;

            printf("\n 方程的解是：\n");
            if(disc>0)
            {
                greater_than_zero(a,b);
                printf("X1=%5.2f\tX2=%5.2f\n\n",x1,x2);
            }
            else if(disc==0)
              {
                    equal_to_zero(a,b);
                    printf("X1=%5.2f\tX2=%5.2f\n\n",x1,x2);
              }
                else
```

```
                {
                    smaller_than_zero(a,b);
                    printf("X1=%5.2f+%5.2fi\tX2=%5.2f-%5.2fi\n\n",p,q,p,q);
                }
        }
        system("PAUSE");
        return 0;
    }   /*end main*/
```

7. 请编写一个函数，已知一个圆筒的半径、外径和高，计算该圆筒的体积。

答：

```
/*习题5 第7题：计算圆筒的体积。源程序：XT5-7.C*/
#include <stdio.h>
#include <stdlib.h>

#define PI 3.1415926        /*常量 圆周率*/

int main()
{
        float r1,r2,h;              /*定义变量，半径、外径和高 */
        float volume(float x,float y,float h); /*函数声明*/

        printf("输入半径、外径和高:");
        scanf("%f ",&r1);
        scanf("%f ",&r2);
        scanf("%f ",&h);

        printf("圆筒的体积是：%f \n",volume(r1,r2,h));

        system("PAUSE");
        return 0;
}   /*end main*/

float volume(float x,float y,float h) /*计算体积函数*/
{
        if(x>y)
            return PI*(x*x-y*y)*h;
        else
            return PI*(y*y-x*x)*h;
}
```

8. 请编写一个函数，它的功能是：接收一个整数，返回这个整数各个数位倒过来所对应的数。例如：输入整数 7631，函数将返回 1367。

答：

```c
/*习题 5 第 8 题：逆序排列一个整数。源程序：XT5-8.C*/
#include <stdio.h>
#include <stdlib.h>

/* 函数 reverse_int：逆序排列一个整数 */
int reverse_int(int number)
{
 int rev_number=0;

    while(number)
    {
            rev_number=rev_number*10+number%10;
            number/=10;
    }

    return rev_number;
}

/*主函数*/
int main(void)
{
    int number;

    printf("\n 逆序排列一个整数！\n\n");

  printf("\n 输入整数:");
  scanf("%d",&number);

  printf("\n 原整数是：%d\n",number);

    printf("\n 逆序排列后的值为：%d\n\n",reverse_int(number));

    system("PAUSE");
    return 0;
}   /*end main*/
```

9. （模拟投掷硬币）请编写一个程序模拟投掷硬币。每次投币，程序将打印"正面"或者"反面"。程序模拟投币 100 次，分别统计各面出现的次数。说明：程序中将调用一个独立函数 flip，该函数无须实参，返回 1 表示正面，返回 0 表示反面。
答：
/*习题 5 第 9 题：投掷硬币程序。源文件：XT5-9.C*/
```c
#include <stdio.h>
#include <stdlib.h>
#include <time.h>

int flip();    /*投掷硬币函数说明*/

/*主函数*/
int main ()
{
    int num,side1=0,side2=0;
    time_t t;

    printf("\n 此程序模拟投掷硬币 100 次，统计正反面出现次数!\n\n");

    srand((unsigned int)time(&t));

    for(num=1;num<=100;num++)
    {
        if(flip()= =1)
        {
            printf("正面\t");
            side1++;
        }
        else
        {
            printf("反面\t");
            side2++;
        }
        if(num%10= =0)
            printf("\n");
    }

    printf("\n 投掷硬币 100 次，正面出现%4d 次，反面出现%4d 次\n",side1,side2);
    printf("\n");

    system("PAUSE");
    return 0;
```

```
        }   /*end main*/


/*函数 flip:模拟投掷硬币一次*/
int flip ( )
{
    int randNum;

    randNum=rand();

    if (randNum%2= =0)
        return 1;
    else
        return 0;

}   /* end flip*/
```
10. （统计秒数）请编写一个函数，接收三个整数实参作为时间（时、分、秒），返回自从上次时钟"整点 12 时"以后所经过的秒数。并用此函数编写一个程序，计算两个时间以秒为单位的时间间隔，这两个时间要求处于时钟12小时的周期内。

答：
```
/*习题 5 第 10 题：统计秒数。源程序：XT5-10.C*/
#include <stdio.h>
#include <stdlib.h>
#include <math.h>

long int countsecond( int h, int m, int s);

int main()
{
    int h1,m1,s1;
    int h2,m2,s2;

    printf("请输入第一个时间（格式：小时：分钟：秒）:");
    do{

        scanf("%d:%d:%d",&h1,&m1,&s1);
    }while(h1<0||h1>11||m1<0||m1>59||s1<0||s1>59);

    printf("请输入第二个时间（格式：小时：分钟：秒）:");
    do{
```

```
                scanf("%d:%d:%d",&h2,&m2,&s2);
        }while(h2<0||h2>11||m2<0||m2>59||s2<0||s2>59);

        printf("这两个时间之间的间隔是：%ld 秒\n",
                            labs(countsecond(h2,m2,s2)-countsecond(h1,m1,s1)));

        system("PAUSE");
        return 0;
}       /*end main*/

long int countsecond( int h, int m, int s)
{
        long int sum=0;
        sum=( h*60+m )*60 + s ;
        return sum;
}
```

11. 分别编写一条预处理命令来实现下列功能：
   a) 定义值为 0.628 的符号常量 FIB。
      答：#define FIB 0.628
   b) 定义一个宏 MIX 计算三个数值的最小值。
      答：#define MIX(a,b,c) (((a)<(b))?(((a)<(c))?(a):(c)):((b)<(c))?(b):(c))
   c) 定义宏 CUBE_VOLUME，用来计算一个立方体的体积。
      答：#define CUBE_VOLUME(x) ((x)*(x)*(x))
   d) 包含头文件 common.h，头文件从欲编译文件所在的目录开始查找。
      答：#include "common.h"
   e) 如果宏 TRUE 已经定义，使定义失效，并重新定义为 1。
      答：
      #ifdef TRUE
          #undef TRUE
          #define TRUE 1
      #endif
   f) 如果宏 TRUE 不等于 0，定义宏 FALSE 为 0，否则定义宏 FALSE 为 1。
      答：
      #if TRUE
          #define FALSE 0
      #else
          #define FALSE 1
      #endif

12. (Fibonacci 数列)请编写一个计算 Fibonacci 数列的程序。数列定义如下：fib[0]=1,fib[1]=1；fib[n]=fib[n-1]+fib[n-2]。要求：编写一个递归函数求解 Fibonacci 数列的第 n 项，在主函

数中调用此函数。

答：

```c
/*   习题 5 第 12 题：产生斐波那契数列，源文件：XT5-12.c*/
#include <stdio.h>
#include <stdlib.h>

long Fibonacci (long num);          /*函数说明*/

/*主函数*/
int main ()
{
    int seriesSize=0;           /*数列的长度*/

    printf("\n 此程序将生成 Fibonacci 数列!\n\n");

    printf("请输入希望计算的数列项数: ");
    scanf("%d", &seriesSize);

    printf("\n Fibonacci 数列的第%d 项是：%8ld\n", seriesSize,Fibonacci(seriesSize));
    printf("\n");

    system("PAUSE");
    return 0;
}   /*end main*/

/*函数 Fibonacci:计算 Fibonacci 数列中第 n 个数*/
long Fibonacci (long num)
{
    if (num==0 || num==1)        /*判断递归的终止条件*/
    {
        return 1;
    }
    else
    {
        return (Fibonacci (num-1) + Fibonacci (num-2));
    }
}   /*  end Fibonacci */
```

13. （递归的可视化）请修改习题 5 第 12 题你所编写的递归函数，使其能够显示打印出每次函数递归调用的形参的值。每一级调用的输出都带有一级缩进的一行。就你所能使得程序的输出清晰、有趣并有含义。你的目标是实现一个能够帮助人们更好地理解递归的输出格式。

答：

```
/*    习题5第13题：产生斐波那契数列递归程序可视化，源文件：XT5-13.c*/
/*    递归可视化                                                */
#include <stdio.h>
#include <stdlib.h>
#define MAX 50

long Fibonacci (long num);        /*函数说明*/
void push(int i);
int pop(void);
int stack[MAX];     /*堆栈*/
int tos=0;          /*栈顶*/

/*主函数*/
int main ()
{
    int seriesSize=0;       /*数列的长度*/

    printf("\n 此程序将生成 Fibonacci 数列!\n\n");

    printf("请输入希望计算的数列项数: ");
    scanf("%d", &seriesSize);

    printf("\n Fibonacci 数列的第%d 项是：%8ld\n", seriesSize,Fibonacci(seriesSize));
    printf("\n");

    system("PAUSE");
    return 0;
}       /*end main*/

/*函数 Fibonacci:计算 Fibonacci 数列中第 n 个数*/
long Fibonacci (long num)
{
    static int d=0;
    int i;
    if(d==0) push(0);
    d++;
    for(i=1;i<d*6;i++)
```

```
                printf(" ");
            printf("第%d 层递归调用：形参 num=%ld\n",d,num);

            if (num==0 || num==1)     /*判断递归的终止条件*/
            {
                d=pop();
                return 1;
            }
            else
            {
                push(d);
                return (Fibonacci (num-1) + Fibonacci (num-2));
            }
}   /*   end Fibonacci */


/*函数 push：入栈函数*/
void push(int i)
{
    if(tos>=MAX){
        printf("Stack   Full\n");
    }
    stack[tos]=i;
    tos++;
}    /*   end push */

/*函数 pop：出栈函数*/
int pop(void)
{
    tos--;
    if( tos<0){
        printf("Stack Underflow\n");
        return 0;
    }
    return stack[tos];
}    /*   end pop */
```

14. （数制转换）请分别用递归技术和迭代技术，将一个十进制正整数，以七进制形式打印在屏幕上。编写 main( )函数，输入十进制正整数，然后调用上述函数。

答：
/*   习题 5 第 14 题：十进制正整数转换为七进制 */
/*   递归版本。源文件：XT5-14-1.c */

```c
#include <stdio.h>
#include <stdlib.h>

void convert(int n)
{
    int i;
    if (( i=n/7)!=0)    convert(i);
    putchar(n%7+'0');
}

/*主函数*/
int main ()
{
    int number;

    do{
        printf("\n 请输入一个十进制正整数：");
        scanf("%d", &number);
    }while(number<=0);

    printf("\n 转换为七进制数据，结果是: \n");

    convert(number);
    printf("\n");

    system("PAUSE");
    return 0;
}   /*end main*/


/*    习题 5 第 14 题：十进制正整数转换为七进制 */
/*    迭代版本。源文件：XT5-14-2.c */
#include <stdio.h>
#include <stdlib.h>
#define MAX 100

void convert(int n)
{
    int i;
    char seven[MAX];
```

```
    i=0;
    while(n)
    {
        seven[i]=n%7+'0';
        n=n/7;
        i++;
    }

    while(--i>=0)
    {
        putchar(seven[i]);
    }
}

/*主函数*/
int main ()
{
    int number;

    do{
        printf("\n 请输入一个十进制正整数： ");
        scanf("%d", &number);
    }while(number<=0);

    printf("\n 转换为七进制数据，结果是： \n");

    convert(number);
    printf("\n");

    system("PAUSE");
    return 0;
}   /*end main*/
```

第6章　程序设计方法概述

1. 解释以下概念之间的区别：
   a) 伪代码和源代码；
   b) 算法和程序；
   c) 耦合度和内聚度。
   答：略

2. 结构化程序设计的基本思想是什么？划分模块的基本原则是什么？
   答：略

3. 请编写一个程序计算数学常量 e 的值。计算公式如下：

   $$e = 1 + \frac{1}{1!} + \frac{1}{2!} + \frac{1}{3!} + \cdots\cdots$$

   答：
   程序函数调用图表、算法描述、测试计划等略。下面给出参考源代码。

```c
/*    习题6 第3题：计算数学常量e。源文件：XT6-3.c */
#include <stdio.h>
#include <stdlib.h>
#include <math.h>
#define inaccurancy 1E-7

double facn(int n);
double calce();

/*主函数*/
int main ()
{
    printf("\n 计算数学常量 e\n");

    printf("\n 数学常量 e： %f\n",calce());

    system("PAUSE");
    return 0;
}   /*end main*/
```

```c
double facn(int n)
{
    int i;
    double s=1;

    for(i=1;i<=n;i++)
    {
        s*=i;
    }
    return s;
}

double calce()
{
    int i=1;
    double e=1.0,x;

    do{
        x=1.0/facn(i);
        e+=x;
        i++;
    }while(fabs(x)>=inaccurancy);

    return e;
}
```

4. 编程实现：从控制台输入 a、b 和 c 的值，求解二次方程 $ax^2+bx+c=0$ 的根。

答：

程序函数调用图表、算法描述、测试计划等略。下面给出参考源代码。

```c
/*    习题 6 第 4 题：计算一元二次方程。源文件：XT6-4.c */
#include <stdio.h>
#include <stdlib.h>
#include <math.h>

float x1,x2,disc,p,q;

void greater_than_zero(float a,float b)
{
    x1=(-b+sqrt(disc))/(2*a);
    x2=(-b-sqrt(disc))/(2*a);
}
```

```c
void equal_to_zero(float a,float b)
{
    x1=x2=(-b)/(2*a);
}

void smaller_than_zero(float a,float b)
{
    p=-b/(2*a);
    q=sqrt(-disc)/(2*a);
}

int main(void)
{
    float a,b,c;

    printf("\n 输入方程式的系数：a,b,c:\n");
    scanf("%f,%f,%f",&a,&b,&c);
    printf("\n 方程是：%5.2f*x*x+%5.2f*x+%5.2f=0\n",a,b,c);

    disc=b*b-4*a*c;
    printf("方程的解是：\n");
    if(disc>0)
    {
        greater_than_zero(a,b);
        printf("X1=%5.2f\tX2=%5.2f\n\n",x1,x2);
    }
    else if(disc==0)
    {
        equal_to_zero(a,b);
        printf("X1=%5.2f\tX2=%5.2f\n\n",x1,x2);
    }
    else
    {
        smaller_than_zero(a,b);
        printf("X1=%5.2f+%5.2fi\tX2=%5.2f-%5.2fi\n",p,q,p,q);
    }

    system("PAUSE");
    return 0;
```

}   /*end main*/

5. 依次从控制台输入多个整数,以整数-1 作为输入结束标记,编写程序找出其中的最大数和最小数。

答:

程序函数调用图表、算法描述、测试计划等略。下面给出参考源代码。

/*   习题 6 第 5 题。源文件:XT6-5.c */

```c
#include <stdio.h>
#include <stdlib.h>

int main(void)
{
    int number,max,min;

    printf("\n 请输入整数: ");
    scanf("%d",&number);

    max=min=number;
    while(number!=-1)
    {
        if(number>max) max=number;
            else if(number<min)
                min=number;

        scanf("%d",&number);
    }

    printf("\n 最大数是:%d\n 最小数是:%d\n",max,min);

    system("PAUSE");
    return 0;
}   /*end main*/
```

6. (薪金计算)某销售公司以销售人员的佣金为基础为其支付工资。销售人员每周工资底薪 200 元,加上该周销售额的 9%。例如,某销售人员本周卖出 5000 元的商品,提成 9%,加上底薪 200 元,本周工资共计 650 元。请编写一个程序:读入每位销售人员最近一周的销售总额,计算并显示该销售人员本周的工资。每次处理一位销售人员,以输入销售总额值为-1 表示程序结束。

答:

程序函数调用图表、算法描述、测试计划等略。下面给出参考源代码。

/*   习题 6 第 6 题:薪金计算。源文件:XT6-6.c */

```c
#include <stdio.h>
```

```c
#include <stdlib.h>

int main(void)
{
    float salary;
    long int total;

    printf("\n 请输入本周销售总金额（-1 表示结束）：");
    scanf("%ld",&total);

    while(total!=-1)
    {
        salary=200+total*0.09;
            printf("\n 该销售员本周薪金为：%.2f 元\n",salary);

            printf("\n 请输入下一位销售员本周销售总金额：");
        scanf("%d",&total);
    }

    system("PAUSE");
    return 0;
}   /*end main*/
```

7. （贷款单利计算）贷款的单利计算公式如下：

利息=本金×利率×天数/365

该公式中的利率为年利率，因此需要除以 365。编写程序：使用上述公式，读入本金、年利率和借贷天数，计算并显示每笔借贷的利息。输入借贷金额为-1 时，程序结束。

答：程序函数调用图表、算法描述、测试计划等略。下面给出参考源代码。

```c
/*   习题 6 第 7 题：贷款单利计算。源文件：XT6-7.c */
#include <stdio.h>
#include <stdlib.h>

int main(void)
{
    float rate,interest;
    long int capital;
    int day;

    printf("\n 请输入借贷的本金，利率和天数：");
    scanf("%ld%f%d",&capital,&rate,&day);
```

```
    while(capital!=-1)
    {
            interest=capital*rate*day/365.0;
            printf("\n 该笔借贷的利息是：%.2f 元\n",interest);

            printf("\n 请输入下一笔贷款的本金，利率和天数："); 
            scanf("%ld%f%d",&capital,&rate,&day);
    }

    system("PAUSE");
    return 0;
}    /*end main*/
```

第7章 数 组

1. 请找出并更正下列语句中的错误。
    a) 假设有如下定义：
       int b[10]={ 0 },i ;
       for(i = 0 ; i <= 10 ; i++)
              b[i] = 1 ;
       答：错误：访问了数组边界之外的元素 b[10]。
           改正：for 循环中的 i<=10   改为   i<10
    b) 假设有如下定义：
       char str[5];
       scanf("%s", str);   /*用户输入 hello*/
       答：错误：用户输入的字符串长度等于字符数组 str 定义时的最大长度，导致结束标记没有合法内存空间存储。
           改正：str[5]   改为   str[6]
    c) 假设有如下定义：
       char s[12];
       strcpy(s, "Welcome Home");
       答：错误：字符数组 s 定义时的最大长度太短。
           改正：   s[12]   改为   s[13]
    d) if(strcmp(string1 , string2))
              printf("The strings are equal.\n");
       答：错误：strcmp()函数返回值为 0 时表示两个字符串相等。
           改正：将 if 语句 修改为   if(strcmp(string1 , string2)==0)
2. 请分别编写一条语句完成下面对一维数组的操作。
    a) 将整型数组的 10 个元素初始化为 0;
       答：int a[10] = {0};
    b) 将整型数组 bonus 的 15 个元素逐个加 1;
       答：for(i=0; i<15 ;i++)   bonus[i]++;
    c) 从键盘上读入浮点数数组 monthlyTemperature 的 12 个值
       答：for(i=0;i<12;i++)   scanf("%f", &monthlyTemperature[i]);
    d) 从键盘读入一行字符（包含空格字符）到字符数组 s1 中。
       答：gets(s1);
3. 请说明以下程序的功能。

```
#include <stdio.h>
#include <stdlib.h>
#define SIZE 10
int whatIsThis(int b[ ], int p);
int main()
{
    int x;
    int a[SIZE] = {1,2,3,4,5,6,7,8,9,10};
    x = whatIsThis(a,SIZE);
    printf("Result is %d\n",x);
    system("PAUSE");
    return 0;
}  /*end main*/
int whatIsThis(int b[ ], int p)
{
    if( p == 1)
        return b[0];
    else
        return b[p-1] + whatIsThis( b, p – 1 );
}  /*end  whatIsThis*/
```

答：whatIsThis()函数的功能是计算数组各元素之和。整个程序的功能是计算 1~10 这 10 个整数之和。

4. 请阅读以下程序段，按照屏幕输出写出该程序段的运行结果：

```
#define Z 3
int a, b;
char square[Z][Z+1] = {"cat", "ode", "dog"};
for( a=0 ; a < Z ; a++){
    printf("%i:",a);
    for( b = 0 ; b < Z ; b++){
        if( a == 0)
            printf("%2c", square[a][b]);
        else
            printf("%2c",square[b][a-1]);
    }
    putchar('\n');
}
```

答：程序段的运行结果如下所示，其中"□"表示一个空格字符。

0:□c □a □t
1:□c □o □d
2:□a □d □o

5. 编程将两个从小到大排好序的一维数组归并成一个有序的一维数组。
   答：
   /*习题 7 第 5 题：合并两个有序数组。源程序：XT7-5.C*/
   #include<stdio.h>
   #include<stdlib.h>
   #define SIZEM 6
   #define SIZEN 4

   void func(int arrayA[], int arrayB[], int arrayC[]);

   int main()
   {
       int i;
       int a[SIZEM];
       int b[SIZEN];
       int c[SIZEM+SIZEN];

       printf("\n 数组合并程序\n\n");

       printf("请输入第一个有序整数数组（从小到大，共%d 个）：", SIZEM);
       for(i=0;i<SIZEM;i++)
           scanf("%d",&a[i]);
       fflush(stdin);
       printf("请输入第二个有序整数数组（从小到大，共%d 个）：", SIZEN);
       for(i=0;i<SIZEN;i++)
           scanf("%d",&b[i]);
       fflush(stdin);

       func(a,b,c);
       printf("归并结果:");
       for(i=0; i<SIZEM+SIZEN; i++)
           printf("%4d",c[i]);
       printf("\n");

       system("PAUSE");
       return 0;
   }

   void func(int arrayA[], int arrayB[], int arrayC[])
   {

```
            int i=0,j=0,k=0;

            while(i<SIZEM && j<SIZEN)
            {
                if(arrayA[i]<arrayB[j])
                {
                    arrayC[k]=arrayA[i];
                    i++;
                    k++;
                }
                else
                {
                    arrayC[k]=arrayB[j];
                    j++;
                    k++;
                }
            }
            while(i<SIZEM)
            {
                arrayC[k]=arrayA[i];
                i++;
                k++;
            }
            while(j<SIZEN)
            {
                arrayC[k]=arrayB[j];
                j++;
                k++;
            }
        }
```

6. n 个人围成一圈, 依次编号从 1 到 n。从编号为 1 的人开始从 1 到 3 报数, 凡报数是 3 的人退出圈子, 编程输出依次出列的人的编号。

答:

```
/*习题 7 第 6 题。源程序: XT7-6.C*/
#include<stdio.h>
#include<stdlib.h>
#define nmax 50

int main()
```

```c
{
    int i,j,k,n,num[nmax];

    printf("请输入人数 n：");
    scanf("%d",&n);

    for(i=0;i<n;i++)
        num[i]=i+1;

    i=0;        /*  i 为每次循环时的计数变量   */
    j=0;        /*  j 为计数变量              */
    k=0;        /*  k 为退出人数              */

    printf("\n1 号到%d 号出队的先后顺序是：\n",n);
    while(k<n)
    {
        if(num[i]!=0) j++;
        if(j==3)
        {
            num[i]=0;       /*  退出的人编号为 0   */
            j=0;
            k++;
            printf("第%d 个出列的人是：%d\n", k,i+1);
        }
        i++;
        if(i==n) i=0;   /*  报到队尾后把 i 的值恢复为 0   */
    }

    system("PAUSE");
    return 0;
}
```

7. 请编程把一个输入的十进制整数转换为任意进制的数。

答：

```c
/*    习题 7 第 7 题:数制转换。源文件：XT7-7.c */
/*    把十进制整数转换为 2 到 16 进制之间的任意进制数据 */
#include <stdio.h>
#include <stdlib.h>
#include <string.h>
#define MAX 100
```

```c
void itox(long int number,int digit, char result[]);
void reverse(char result[]);

int main(void)
{
    char result[MAX];
    int digit;
    long int number;

    printf("\n 数制转换程序\n");

    printf("\n 请输入需要转换的十进制整数:");
    scanf("%ld",&number);
    fflush(stdin);
    do{
        printf("\n 请输入需要转换的数制编码（2 到 16 之间）:");
        scanf("%d",&digit);
        fflush(stdin);
    }while(digit<2||digit>16);

     itox(number,digit,result);

    printf("\n 十进制整数%ld 转换为%d 进制数据，结果是：%s\n\n",number,digit,result);

    system("PAUSE");
    return 0;
}    /*end main*/

void itox(long int number,int digit, char result[])
{
    int i=0,d;

    while(number)
    {
        d = number%digit;
        if(d>9)
        {
            result[i]='A'+d-10;
        }
        else
```

```
            {
                result[i]='0'+d;
            }
            i++;
            number /= digit;
    }
    result[i]='\0';

    reverse(result);
}

void reverse(char result[])
{
    int i,j;
    char temp;
    for(i=0,j=strlen(result)-1; i<j;i++,j--)
    {
        temp=result[i];
        result[i]=result[j];
        result[j]=temp;
    }
}
```

8. 请编程检查输入的字符串是否满足以下两个条件：
  （1）字符串中左括号"（"的个数与右括号"）"的个数相等。
  （2）从首字符开始起顺序查找，任何时候右括号"）"的个数都不能超过左括号。
  答：
```
/* 习题 7 第 8 题：圆括号匹配检查。源程序：XT7-8.C*/
#include<stdio.h>
#include<stdlib.h>

int main()
{
    char c;
    int left=0,right=0,flag=0;

    printf("\n  圆括号配对检查\n\n");

    while((c = getchar())!= EOF)
        if(c=='(') left++;
        else
```

```
                    if(c==')')
                    {
                        right++;
                        if(right>left)
                            flag=1;
                    }

            if(flag= =1)
                printf("错误：任何时候右括号的个数都不能超过左括号\n");

            if(left > right)
                printf("总体：左括号数目大于右括号数目\n");
            else
                if(left<right)
                    printf("总体：左括号数目少于右括号数目\n");
                else
                    printf("总体：左括号数目和右括号数目匹配\n");

            system("PAUSE");
            return 0;
}
```

9. 请编程将一个字符串中的所有大写字母变成小写，而小写字母变成大写，其余字符不变。
答：

```
/*      习题 7 第 9 题。源文件：XT7-9.c           */
/*      输入一个字符串，大小写字母相互转换 */
#include <stdio.h>
#include <stdlib.h>
#include <string.h>
#define MAX 81

void convert( char str[]);

int main(void)
{
    char str[MAX];

    printf("\n 输入一个字符串，大小写字母相互转换  \n");

    printf("\n 请输入一个字符串:");
    gets(str);
```

```c
        convert(str);

         printf("\n 转换后的字符串是：%s\n\n",str);

        system("PAUSE");
        return 0;
    }    /*end main*/

    void convert( char str[])
    {
        int i=0;

        while(str[i])
        {
            if(str[i]>='a'&&str[i]<='z')
            {
                str[i] -= 32;
            }
            else if(str[i]>='A'&&str[i]<='Z')
            {
                str[i] += 32;
            }
            i++;
        }
    }
```

10. 请编程实现，找到一个二维数组的鞍点，即该位置上的元素在该行上最大，在该列上最小，也可能不存在鞍点。

答：

```c
/* 习题7第10题：找到二维数组的鞍点。源程序：XT7-10.C*/
#include<stdio.h>
#include<stdlib.h>
#define SIZEL 3
#define SIZEC 4

int main()
{
    int a[SIZEL][SIZEC], i,j,k;
    int n=0;

    printf("\n 找到二维数组的鞍点。\n\n");
```

```
        printf("请输入二维数组：\n");
        for( i=0; i<SIZEL ; i++)
        for( j=0; j<SIZEC; j++)
            scanf("%d", &a[i][j]);

        for( i=0; i<SIZEL ; i++)
        for( j=0; j<SIZEC; j++)
        {
                for( k=0; k<SIZEC; k++)
                    if(k!=j&&a[i][j]<a[i][k])    break;
                if(k>=SIZEC)
                {
                        for( k=0 ; k<SIZEL; k++)
                            if( k!=i&&a[i][j]>a[k][j])     break;
                        if( k>=SIZEL)
                        {
                                n++;
                                printf("第%d 个鞍点：%d 行%d 列，值为%d\n",n,i,j,a[i][j]);
                        }
                }
        }

        if(n==0)
            printf("不存在鞍点\n");

        system("PAUSE");
        return 0;
}
```

11. 请不使用 stracat 函数，分编程将两个字符串连接成一个字符串。
    答：
    /*   习题 7 第 11 题：字符串连接。源文件：XT7-11.c */
    #include <stdio.h>
    #include <stdlib.h>

    void stringcat(char s1[],char s2[]);

    int main(void)
    {
        char str1[50],str2[20];
        printf("\n 请输入第一个字符串:");

```
            gets(str1);

            printf("\n 请输入第二个字符串:");
            gets(str2);

            stringcat(str1,str2);

            printf("\n 连接后的字符串是：");
            puts(str1);

            system("PAUSE");
            return 0;
      }     /*end main*/

      void stringcat(char s1[],char s2[])
      {
            int i,j;
            for(i=0;s1[i]!='\0';i++);
            for(j=0;s2[j]!='\0';j++)
                  s1[i++]=s2[j];
            s1[i]='\0';
      }
```

12. 请编程从一个字符串中删除子字符串，两个字符串都由键盘输入。
    答：
    /*习题 7 第 12 题：删除子字符串。源程序：XT7-12.C*/

```
#include<stdio.h>
#include<stdlib.h>

int main()
{
      char s1[80],s2[40],*p,*q;
      int i,j,k,n,flag;              /*flag 为标志位*/

      printf("\n please input string1:\n");
      gets(s1);
      fflush(stdin);
      printf("\n Please input string2:\n");
      gets(s2);
      fflush(stdin);
```

```
            i=0;
            while(s1[i]!='\0')
            {
                    for(k=0;s2[k]!='\0';++k)
                    {
                            if(s1[i+k]==s2[k])
                                    flag=1;
                        else
                        {
                                    flag=0;
                                break;
                            }
                    }
                    if(flag)
                    {
                            for(j=i+k,n=i;s1[j]!='\0';j++)
                                    s1[n++]=s1[j];
                            s1[n]=0;
                    }
                    else    i++;
            }

            printf("\n The result string:\n");
            printf("%s\n\n",s1);

            system("PAUSE");
            return 0;
    }
```

13. 全班有 30 个学生，输入每个学生姓名、出生日期、学号、专业等信息。请编程实现查找学生的操作，要求输入待查找学生学号，输出该学生基本信息。

    答：略

14. （插入排序）请编写程序实现插入排序（在输入过程中完成排序）。任意顺序输入 10 个整数，把输入的第 1 个数放在数组的第 1 个位置上。以后每读入一个数都和已存入的数进行比较，确定该数按照从小到大的顺序在数组应处的位置。把原处于该位置上以及后面的所有数都后移一个位置，把新输入的数填入空出来的位置上。这样数组中的数总是从小到大来排列的。10 个数输入完以后输出数组。

    答：

    ```
    /*  习题 7 第 14 题：插入排序。源文件：XT7-14.c */
    #include <stdio.h>
    #include <stdlib.h>
    ```

```c
#define MAX 10

void insert( int items[],int data,int count);

int main(void)
{
    int items[MAX], count=0,data;

    printf("\n请输入 10 个整数,按照插入排序法将其从小到大排列\n");

    while(count<10)
    {
        printf("\n请输入第%d 个整数: ",count+1);
        scanf("%d",&data);
        count++;
        insert( items,data,count);
    }

    printf("\n排好序的数组是:\n");
    for(count=0;count<10;count++)
    {
        printf("\t%d",items[count]);
    }
    printf("\n");

    system("PAUSE");
    return 0;
}   /*end main*/

void insert( int items[],int data,int count)
{
    int i,j;

    for(i=count-1;(i>=0)&&(data<items[i]);i--)
    {
        items[i+1]=items[i];
    }
    items[i+1]=data;
}
```

15. (关键词统计)有 5 个预先设定的关键单词。编程输入一行字符串,从前到后查找其中出现的关键单词及出现次数。

答：

```c
/*    习题 7 第 15 题：关键词统计。源文件：XT7-15.c */
#include <stdio.h>
#include <stdlib.h>
#define MAX 81
char words[][MAX]={"elapse","elucidate","elude","embody","embrace"};

int main(void)
{
    char s[MAX],*w;
    int i,j,n[5]={0};

    printf("输入一行字符:\n");
    gets(s);

    for(i=0; i<5; i++)
    {
        j=0;
        while(s[j]!='\0')
        {
            w=words[i];
            if(*w= =s[j])
            {
                for(; s[j]!='\0' && *w!='\0' && *w==s[j]; j++,w++);
                if(*w= ='\0')
                {
                    n[i]++;
                }
            }
            else
            {
                j++;
            }
        }
        printf("相匹配的单词%s 出现的个数是:%d\n\n",words[i],n[i]);
    }

    system("PAUSE");
    return 0;
```

}   /*end main*/

16. (查找数组中的最小数)编写一个递归函数,该函数接收一个整数数组和该数组的大小作为实参,函数返回值是数组的最小元素。当接收到只有一个元素的数组时,函数停止处理并返回。

    答:略

17. (线性查找)编写一个函数实现对数组的线性查找。该函数接收一个整型数组和该数组的大小作为实参。如果找到欲查找的关键字,则返回相应数组元素的下标,否则返回-1。

    答:

```c
/*   习题 7 第 17 题:线性查找。源文件:XT7-17.c */
#include <stdio.h>
#include <stdlib.h>
#define MAX 10

int sequential_search(int items[],int count, int key);

int main(void)
{
    int items[MAX], i, key;

    printf("\n 请输入 10 个整数:");

    for(i=0;i<MAX;i++)
    {
        scanf("%d",&items[i]);
    }

    printf("\n 请输入待查找的关键字: \n");
    scanf("%d",&key);

    i=sequential_search(items, MAX, key);
    if(i!=-1)
        printf("\n 关键字%d 出现在数组第%d 号位置\n",key,i);
    else
        printf("\n 关键字%d 没有在数组中出现\n");

    system("PAUSE");
    return 0;
}   /*end main*/

int sequential_search(int items[],int count, int key)
```

```
    {
        int t;

        for(t=0;t<count;t++)
            if(key==items[t])    return t;

        return -1;
    }
```

18. （折半查找）编写一个函数实现数组的折半查找。该函数接收一个整型数组，查找的起始下标和终止下标作为实参。如果找到欲查找的关键字，则返回相应数组元素的下标，否则返回-1。

答：

```
/*    习题 7 第 18 题：折半查找。源文件：XT7-18.c */
#include <stdio.h>
#include <stdlib.h>
#define MAX 10

int binary_search(int items[],int start,int end, int key);

int main(void)
{
    int items[MAX], i, key;

    printf("\n 请输入 10 个整数:");

    for(i=0;i<MAX;i++)
    {
        scanf("%d",&items[i]);
    }

    printf("\n 请输入待查找的关键字： \n");
    scanf("%d",&key);

    i=binary_search(items,0,MAX-1, key);
    if(i!=-1)
        printf("\n 关键字%d 出现在数组第%d 号位置\n",key,i);
    else
        printf("\n 关键字%d 没有在数组中出现\n");

    system("PAUSE");
```

```c
        return 0;
}       /*end main*/

int binary_search(int items[],int start,int end, int key)
{
        int low,high,mid;

        low=start;
        high=end;
        while(low<=high)
        {
                mid=(low+high)/2;
                if(key<items[mid])      high=mid-1;
                else if(key>items[mid])    low=mid+1;
                else return mid;
        }
        return -1;
}
```

… 第三部分 习题参考答案

第8章 指 针

1. 假设有如下定义，请找出并更正以下程序片段中的错误：
   ```
   int    *zPtr;
   int    *aPtr = NULL;
   void   *sPtr = NULL;
   int    number, i;
   int    z[ 5 ] = { 1, 2, 3, 4, 5 };
   sPtr = z;;
   ```
   a) ++zPtr;
      答：错误：指针变量 zPtr 没有赋初值；
      改为：zPtr=z; ++zPtr;
   b) zPtr = z;   number = zPtr;
      答：错误：zPtr 指向 int 变量，而 number 类型不一致；
      改为：number = *zPtr;
   c) zPtr = z;   number = *zPtr[2]; /*将数组 z 中数据 3 赋给 number*/
      答：错误：*zPtr[2]错误，不代表指代的整数 3 所在的单元。
      改为：zPtr[2]
   d) zPtr = z;
      for(i = 0 ; i <= 5; i++)
             printf("%d\t", *(zPtr+i));
      答：错误：表达式 i<=5 错误，访问数组越界。
      改为：修改 i<=5 为 i<5
   e) sPtr = z;   number = *sPtr;   /*通过 sPtr 赋值给 number*/
      答：错误：错误使用空类型指针，需要进行类型转换。
      改为：修改 number=*sPtr; 为 number= *(int *)sPtr;
   f) ++z;
      答：错误：数组名 z 是地址常量，常量不能参加自增运算。
      改为：aPtr=z; aPtr++;

2. 根据如下 4 个变量的题图 8-1，写出变量定义和初始化代码。（假设本系统中，int 类型为 2 个字节）。
   答：
   int *ptr1;
   int m=3, n=0;

```
int *ptr2=NULL;
ptr1=&m;
```

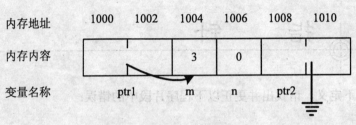

题图 8-1 变量定义示意图

3. 写出下面的声明和代码中循环的输出结果。
```
#define    Z    3
char    square[Z][Z];
char    *start = &square[0][0];
char    *end = &square[Z-1][Z-1];
char    *p;
for ( p=end; p>=start; p-=2 )
            *p = '1';
for ( p=start; p<end; ++p)
{
            ++p;
            *p = '0';
}
for ( p=start; p<=end; ++p)
            printf("%3c", *p);
puts("\n");
```
答： 1 0 1 0 1 0 1 0 1

4. 依照题图 8-2 给出的数据结构，检查以下语句。如果操作是合法的，则说出 x 的值或 p2 的值。如果操作是非法的,解释为什么。假定所有数据都是 double 型,所有指针都是 double* 类型的。

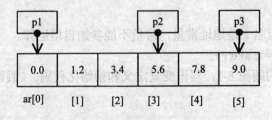

题图 8-2 习题 8.4 变量定义示意图

a) x = *p1;

答：操作合法，x 的值是 0.0。
b) x = p1+1;
   答：非法操作，p1 是指针，x 是 double 类型变量。
c) x = *(p2+1);
   答：操作合法，x 的值是 7.8。
d) p2 = p1[4];
   答：非法操作，p2 是指针，p1[4]是 double 类型。
e) p2++;
   答：操作合法，p2 的值是 ar+4。
f) p2 = p3−p1;
   答：非法操作，p2 是指针，p3− p1 是整数。

5. 编写一个程序，用随机数方式生成一个 4×5 二维数组的元素值（整数类型），然后分别计算每行、每列的平均值。
答：
/*习题 8 第 5 题：产生随机的二维数组，计算各行、列的平均值。源文件：XT8-5.C*/
```
#include <stdio.h>
#include <stdlib.h>
#include <time.h>
#define ROW 4
#define COLUMN 5

void generatearray(int (*pdata)[COLUMN], int row,int column);
void averagearray(int (*pdata)[COLUMN], float*rowaver,float *coluaver,int row,int column);
void printarray1(int (*pdata)[COLUMN],int row,int column);
void printarray2(float *data,int n);

/*主函数*/
int main ()
{
    int array[ROW][COLUMN];
    float rowaver[ROW],coluaver[COLUMN];

    printf("\n 此程序随机产生 4×5 的二维数组 ，并计算各行、各列的平均值!\n\n");

    generatearray( array,ROW,COLUMN);
    averagearray(array,rowaver,coluaver,ROW,COLUMN);

    printf("\n 二维数组是： \n");
    printarray1(array,ROW,COLUMN);
    printf("\n 各行的平均值是： \n");
```

```c
        printarray2(rowaver,ROW);
        printf("\n 各列的平均值是：\n");
        printarray2(coluaver,COLUMN);

        system("PAUSE");
        return 0;
}       /*end main*/

/*函数 generatearray：产生随机的 4×5 的二维数组*/
void generatearray(int (*pdata)[COLUMN], int row,int column)
{
        int i,j;
        time_t t;

        srand((unsigned int)time(&t));

        for(i=0;i<row;i++)
        {
                for(j=0;j<column;j++)
                        pdata[i][j]=rand();
        }
}   /* end generatearray*/

/*函数 averagearray:计算二维数组各行各列的平均值*/
void averagearray(int (*pdata)[COLUMN],float *rowaver,float *coluaver,int row,int column)
{
        int i,j;

        for(i=0;i<row;i++)
                rowaver[i]=0.0;
        for(j=0;j<column;j++)
                coluaver[j]=0.0;

        for(i=0;i<row;i++)
        {
                for(j=0;j<column;j++)
                {
                        rowaver[i]+=(float)pdata[i][j]/column;
                        coluaver[j]+=(float)pdata[i][j]/row;
                }
```

```
        }
    }        /* end averagearray*/


/*函数 printarray1：输出二维数组*/
void printarray1(int (*pdata)[COLUMN],int row,int column)
{
    int i,j;

    printf("\n");
    for(i=0;i<row;i++)
    {
        for(j=0;j<column;j++)
        {
            printf("%d\t",pdata[i][j]);
        }
        printf("\n");
    }
}        /* end printarray1*/


/*函数 printarray2：数组一维数组*/
void printarray2(float *data,int n)
{
    int i;

    printf("\n");
    for(i=0;i<n;i++)
        printf("%d:%f\n",i,data[i]);
    printf("\n");
}        /* end printarray2*/
```

6. 编写程序将一个不确定位数的正整数进行三位分节后输出，如输入 1234567，输出 1, 234, 567。

答：

/*习题 8 第 6 题：整数按三位分节后输出。源程序：XT8-6.C*/

```
#include<stdio.h>
#include<stdlib.h>
#include <malloc.h>


char *separate(long int);
char *exchange(long int);
```

```c
int main(void)
{
    long int num;
    char *p;

    printf("输入一个整数:");
    scanf("%ld",&num);

    p=separate(num);
    printf("输出结果:%s\n",p);

    system("PAUSE");
    return 0;
}

/*函数 separate：把整数转换为数字字符串并按三位分节*/
char *separate(long int num)
{
    char *p1,*p2=exchange(num),*p3,*pt;
    int count=1;

    p1=p2;
    while(*(p2++)!='\0');
    p3=p2-1;     /*p3 指向字符串结束标记*/
    p2=p2-2;     /*p2 指向字符串最后一个有效字符*/

    while(p2>p1)
    {
        if(count= =3)    /*计数 3 个字符*/
        {
            pt=p3++;
            while(pt>=p2)
            {
                *(pt+1)=*pt;
                pt--;
            }
            *p2=',';
            count=1;
            p2--;
        }
```

```
            count++;
            p2--;
        }
        return p1;
}

/*函数 exchange：把整数 num 转换为数字字符串*/
char *exchange(long int num)
{
    char *p,*p1,*p2,temp;

    p=p1=p2=(char *)malloc(30*sizeof(char));
    while(num)
    {
        *p2=num%10+'0';
        p2++;
        num /= 10;
    }
    *p2='\0';
    p2--;

    while(p2>p1)
    {
        temp=*p2;
        *p2=*p1;
        *p1=temp;
        p2--;
        p1++;
    }

    return p;
}
```

7. 编写一个函数 sums，设两个输入形参分别为浮点型数组 a 和表示数组长度的整数 n。计算数组中所有正数总和以及所有负数总和，并统计数组中正数的个数和负数的个数。这 4 个答案都通过形参返回。

答：
```
/*习题 8 第 7 题：统计数组中正数的个数和负数的个数。源文件：XT8-7.C*/
#include <stdio.h>
#include <stdlib.h>
```

```c
#define MAX 6

void readarray(float *a, int n);
void sums(float *a,int n, float *pposum,float*pnesum,int *pponumber,int *pnenumber);

/*主函数*/
int main ()
{
    float a[MAX],posum,nesum;
    int ponumber,nenumber;

    printf("\n 请输入共%d 个数据!\n\n",MAX);

    readarray(a,MAX);

    sums(a,MAX,&posum,&nesum,&ponumber,&nenumber);

    printf("\n 正数的总和是: %f\n",posum);
    printf("\n 正数的个数是: %d\n",ponumber);
    printf("\n 负数的总和是: %f\n",nesum);
    printf("\n 负数的个数是: %d\n",nenumber);

    system("PAUSE");
    return 0;
}   /*end main*/

/*函数 readarray: 从控制台输入一个数组*/
void readarray(float *a, int n)
{
    int i;

    for(i=0;i<n;i++)
        scanf("%f",&a[i]);
}   /* end readarray*/

/*函数 sums:统计正数和负数的个数, 以及分别计算正数和负数的总和*/
void sums(float *a,int n, float *pposum,float*pnesum,int *pponumber,int *pnenumber)
{
    int i;
    *pposum=*pnesum=0.0;
```

```
            *pponumber=*pnenumber=0;

            for(i=0;i<n;i++)
            {
                if(a[i]>0)
                {
                    *pposum+=a[i];
                    (*pponumber)++;
                }
                else if(a[i]<0)
                {
                    *pnesum+=a[i];
                    (*pnenumber)++;
                }
            }
        }       /* end sums*/
```

8. 编写一个函数 substitute，其中包含 3 个形参，2 个字符型 1 个字符串型。在字符串中查找是否出现第 1 个字符，并将其替换为第 2 个字符。返回进行替换的次数。
   答：略
9. 编写函数完成以下功能：输入两个字符串 s 和 t，判断 s 中是否包含字符串 t。
   答：

```
/*习题 8 第 9 题：查找子字符串。源程序：XT8-9.C*/
#include<stdio.h>
#include<stdlib.h>
#define MAX 81

int index(char *str,char *substr);

int main(void)
{
    char str[MAX],substr[MAX];

    printf("\n 子字符串查找程序！\n");
    printf("\n 请输入一行字符:");
    gets(str);

    printf("\n 请输入需要查找的字符串:");
    gets(substr);

    if(index(str,substr)= =-1)
```

```
            {
                printf("%s 中没有出现子串%s\n",str,substr);
            }
            else
            {
                printf("%s 中出现了子串%s\n",str,substr);
            }

            system("PAUSE");
            return 0;
        }

        /*函数 index：判断 str 中出现了子串 substr */
        int index(char *str,char *substr)
        {
            int i,j,k;

            for(i=0;str[i];i++)
                for(j=i,k=0;str[j]= =substr[k];j++,k++)
                    if(!substr[k+1])
                        return i;

            return -1;
        }
```

10. 从一个字符串中删除指定字符。要求字符串和指定删除的字符都从键盘输入。
    答：
    /*习题 8 第 10 题：字符串中删除指定字符。源程序：XT8-10.C*/

```
#include<stdio.h>
#include<stdlib.h>
#define SIZE 20

void deleteChar( char *s, char c);

int main()
{
    char s[SIZE],c;

    printf("\n 字符串中删除指定字符\n\n");

    printf("请输入一行字符： \n");
```

```
        gets(s);
        fflush(stdin);
        printf("请输入需要删除的字符：\n");
        c = getchar( );

        deleteChar(s,c);

        printf("删除后的字符串是：");
        puts(s);

        system("PAUSE");
        return 0;
    }

    void deleteChar( char *s, char c)
    {
        while(*s!='\0')
            if(*s==c)
                strcpy(s,s+1);
            else
                s++;
    }
```

11. （编程完成队列操作）队列是以先进先出顺序访问的线性列表。队列的两个基本操作：入队，表示插入一个新数据到队列中，新数据放在队列尾部。出队，从队列首部取走一个数据。要求用数组模拟队列，编程实现入队和出队的操作，入队和出队数据都为整数。输入 0 表示执行出队操作，输入-1 表示程序执行结束，其余整数表示执行入队操作。例如队列内容为 "1、3、5"，则将数据 7 入队后，队列内容变为 "1、3、5、7"。而执行一次出队操作之后，出队数据为 1，队列内容为 "3、5、7"。
请注意：队列为空时，执行出队操作错误。队列为满时，执行入队操作错误。
答：

```
/*习题 8 第 11 题：队列操作，输入 0 执行出队操作，-1 停止程序运行。源程序：XT8-11.C*/
#include <stdio.h>
#include <stdlib.h>
#define    SIZE 50

void qstore(int i);              /*入队函数使用说明*/
int   qretrieve(void);           /*出队函数使用说明*/

int buf[SIZE];                   /*队列        */
int spos=0,rpos=0;               /*队尾和队头的位置标志*/
```

```c
int main(void)
{
    int value;

    do
    {
        printf("输入一个整数：");
        scanf("%d",&value);

        if (value!=0)   qstore(value);
        else  printf("出队数据是%d\n",qretrieve());

    }while(value!=-1);

    system("PAUSE");
    return 0;
}   /*end main*/

/*函数 qstore:入队操作*/
void qstore(int i)
{
    if(spos= =SIZE)
    {   /*判断队列是否已满*/
        printf("队列已满\n");
        system("PAUSE");
        exit(1);
    }

    buf[spos]=i;
    spos++;
}   /*end qstore*/

/*函数 retrieve：出队操作*/
int qretrieve(void)
{
    if(rpos= =spos)
    { /*判断队列是否空*/
        printf("队列空\n");
        system("PAUSE");
        exit(1);
```

}

　　　　rpos++;

　　　return buf[rpos-1];
　} /*end qretrieve*/

12. （使用函数的指针数组）请参照错误！未找到引用源。编写一个菜单程序，要求显示菜单项，并读取用户的选择，然后提示用户选择的菜单项。说明：菜单形式，菜单项内容自定。

答：略

13. （扑克牌洗牌和发牌）用4×13数组表示52张扑克牌，行表示花色，第0行表示红桃(heart)，第1行表示方块（diamond），第2行表示梅花（club），第3行表示黑桃（spade），编一个扑克牌洗牌的程序，并将洗过的扑克牌平均发成4墩。

答：

```c
/*习题8 第13题：扑克牌洗牌和发牌。源程序：XT8-13.C*/
#include <stdio.h>
#include <stdlib.h>
#include <time.h>

void shuffle(int wDeck[ ][13]);
void deal( int wDeck[ ][13],const char *wFace[ ],const char *wSuit[ ]);

int main(void)
{
    /*初始化扑克花色名数组*/
    const char *suit[4]={ "Hearts","Diamonds","Clubs","Spades"};

    /*初始化扑克牌面值数组*/
    const char *face[13]={"Ace","Deuce","Three","Four","Five",
        "Six","Seven","Eight","Nine","Ten","Jack","Queen","King"};

    /*初始化扑克牌数组*/
    int deck[4][13]={0};

    time_t t;
    srand((unsigned int)time(&t));

    shuffle(deck);
    deal(deck,face,suit);
```

```c
        system("PAUSE");
        return 0;
}  /*end main*/


/*函数 shuffle：洗牌函数*/
void shuffle(int wDeck[ ][13])
{
    int row;        /*行号：花色*/
    int column;     /*列号：牌面值*/
    int card;       /*牌的序号*/

    for(card=1; card<=52; card++){
        do{
            row=rand( )%4;
            column=rand( )%13;
        }while(wDeck[row][column]!=0);

        wDeck[row][column]=card;
    }
}  /*end shuffle*/


/*函数 deal：发牌函数*/
void deal( int wDeck[ ][13],const char *wFace[ ],const char *wSuit[ ])
{
    int row;        /*行号：花色*/
    int column;     /*列号：牌面值*/
    int card;       /*牌的序号*/

    for(card=1; card<=52; card++){
        for(row=0;row<=3;row++){
            for(column=0;column<=12;column++){
                if(wDeck[row][column]==card){
                    printf("%-5s of %-8s%2c",wFace[column],wSuit[row],card%4==0?'\n':' ');
                }
            }
        }
    }
}  /* end deal */
```

14. （随机生成迷宫）请编写一个函数 mazeGenerator，该函数接收一个表示迷宫的 12×12 的字符数组作为实参，然后，随机地产生一个迷宫，符号#表示围墙，符号.表示迷宫中可行路线上的空格。该函数还提供迷宫的起点和终点位置。

答：略

15. （穿越迷宫）请编写一个递归函数 mazeTraverse，这个函数接受习题 8.11 产生的 12×12 的字符数组表示的迷宫，以及你在迷宫的起始位置作为实参。由于函数 mazeTraverse 试图找到出口位置，所以，函数将字母 X 放置在行进路线结果的空格上。每次移动后，函数都显示迷宫的状态，这样用户可以亲眼看到迷宫问题是如何解决的。

答：略

第9章 结构、联合、枚举和 typedef

1. 请找出并更正以下程序片段中的错误：

   a) ```
      struct card{
          char   face[20];
          char   suit[20];
      } c, *cPtr ;
      cPtr = &c:
      scanf("%s", *cPtr->suit);
      ```
      答：错误：表达式 *cPtr->suit 错误
      　　改为：(*cPtr).suit 　　或者　　cPtr->suit

   b) ```
      struct card{
          char   face[20];
          char   suit[20];
      }hearts[13] = {"C Language"};
      printf("%s\n", hearts.face);
      ```
      答：错误：表达式 hearts.face 错误，hearts 是数组名，face 不是 hearts 的成员
      　　改为：hearts[0].face

   c) ```
      union values {
          char   w;
          float x;
          double y;
      } v = {1.28} ;
      ```
      答：错误：初始值 1.28 错误，联合类型变量只能用与其第一个成员相同数据类型的数值来初始化
      　　改为：
      ```
      union values {
          char   w;
          float x;
          double y;
      } v = {'1'} ;
      ```

   d) ```
      struct person {
          char firstname[20];
          char lastname[20];
          int age;
      ```

}
答：错误：右大括号后面缺少分号。
改为：
```
struct person {
    char firstname[20];
    char lastname[20];
    int age;
};
```
e) ```
struct card{
    char   face[20];
    char   suit[20];
};
card d;
```
答：错误：定义变量 d 是结构类型，类型名缺少关键字 struct。
改为：struct card d

2. 按照如下的 typedef 的定义和函数原型，检查并改正下列语句中的错误。
```
typedef enum STATE { AWFUL, BAD, OK, GOOD, FINE} state_t;
typedef struct JUNK{
    char name[16];
    short size;
    float price;
    state_t status;
}junk_t;
char lable[][10]={"Awful", "Bad", "Ok", "Good", "Fine");
void analyze(junk_t j);
```
a) JUNK heap;
答：错误：类型名错误。
改为：junk_t heap;
b) scanf("%15s%i%g", heap)
答：错误：不能直接输入结构类型变量的值，只允许分别读入其成员的值。
改为：scanf("%15s%i%g",heap.name,heap.size,heap.price);
c) heap.state_t = BAD;
答：错误：state_t 不是 heap 的成员。
改为：heap.status=BAD
d) analyze(junk_t heap);
答：错误：函数调用实参表达式错误。
改为：analyze(heap)
e) printf("%s:condition = %s \n", heap.name, heap.status);
答：错误：heap.status 是枚举类型，只能用整型的格式符输出。
改为：printf("%s:condition = %d \n", heap.name, heap.status)
```

3. 请编程实现两个复数的加法和减法运算。
答：
/*习题9第3题：复数加法和减法。源程序：XT9-3.C*/
```c
#include<stdio.h>
#include<stdlib.h>

struct complex
{
    float r;
    float v;
};

int main( )
{
    struct complex c1,c2,c;

    printf("输入第一个复数\n");
    printf("实部:");
    scanf("%f",&c1.r);
    printf("虚部:");
    scanf("%f",&c1.v);
    printf("输入第二个复数\n");
    printf("实部:");
    scanf("%f",&c2.r);
    printf("虚部:");
    scanf("%f",&c2.v);

    c.r=c1.r+c2.r;
    c.v=c1.v+c1.r;
    printf("两复数加法:");
    if(c.v<0)
        printf("%f%fi\n",c.r,c.v);
    else
        printf("%f+%fi\n",c.r,c.v);

    c.r=c1.r−c2.r;
    c.v=c1.v−c1.r;
    printf("两复数减法:");
    if(c.v<0)
        printf("%f%fi\n",c.r,c.v);
```

```
        else
            printf("%f+%fi\n",c.r,c.v);

        system("PAUSE");
        return 0;
    }
```

4. 请编程实现：定义一个结构类型表示日期，输入今天的日期，输出明天的日期。

答：

```
/*习题9第4题：输入今天的日期，输出明天的日期。源程序：XT9-4.C*/
#include<stdio.h>
#include<stdlib.h>

struct ydate
{
    int day;
    int month;
    int year;
};

int leap(struct ydate d)
{
    if((d.year%4==0 && d.year%100!=0) || (d.year%400==0))
        return 1;
    else
        return 0;
}

int numdays(struct ydate d)
{
    int day;
    static int daytab[]={31,28,31,30,31,30,31,31,30,31,30,31};
    if(leap(d) && d.month==2)
        day=29;
    else
        day=daytab[d.month-1];
    return day;
}

int main(void)
{
```

```
        struct ydate today,tomorrow;

        printf("日期格式为：年.月.日\n");
        printf("今天是:");
        scanf("%d.%d.%d",&today.year,&today.month,&today.day);

        if(today.day!=numdays(today))
        {
            tomorrow.year=today.year;
            tomorrow.month=today.month;
            tomorrow.day=today.day+1;
        }
        else if(today.month==12)
        {
            tomorrow.year=today.year+1;
            tomorrow.month=1;
            tomorrow.day=1;
        }
        else
        {
            tomorrow.year=today.year;
            tomorrow.month=today.month+1;
            tomorrow.day=1;
        }

        printf("明天是:%d.%d.%d\n\n",tomorrow.year,tomorrow.month,tomorrow.day);

        system("PAUSE");
        return 0;
    }
```

5. 请编程实现：定义一个结构类型表示日期，输入年号和该年的第几天的天数，输出该天的日期。

答：

```
/*习题9第5题：输入年号和该年的第几天的天数，输出该天的日期。源程序：XT9-5.C*/
#include<stdio.h>
#include<stdlib.h>

struct
{
    int year;
```

```c
    int month;
    int day;
}date;

int monthday[12]={31,28,31,30,31,30,31,31,30,31,30,31};

int main(void)
{
    int days,year;
    int flag=0;
    int m;

    printf("请输入某天的年号和天数(年  天数)");
    scanf("%d%d",&year,&days);

    date.year=year;

    if((year%4==0 &&year%100!=0 || year%400==0) )
        flag=1;

    monthday[1]+=flag;

    if(days<=0)
    {
        printf("天数%d 错误\n",days);
        return 1;
    }
    else
    {
        date.month=1;
        date.day=days;
        for(m=0;m<11;m++)
        {
            if(date.day>monthday[m]){
                date.month++;
                date.day-=monthday[m];
            }
        }
        if(date.day > monthday[m]){
            printf("天数数据过大，大于该年的总天数！\n");
```

```
                return 1;
            }
            printf("\n%d 年第%d 天的日期是：%d 年%d 月%d 日\n",
                                year,days,date.year,date.month,date.day);
        }
        system("PAUSE");
        return 0;
    }
```
6. 请编程实现：定义一个结构类型表示日期，输入一个日期，输出该天是当年的第几天。

答：

```
/*习题 9 第 6 题：输入一个日期，输出该天是当年的第几天。源程序：XT9-6.C*/
#include<stdio.h>
#include<stdlib.h>

struct
{
    int year;
    int month;
    int day;
}date;

int main(void)
{
    int days;

    printf("请输入日期(年.月.日)");
    scanf("%d.%d.%d",&date.year,&date.month,&date.day);

    switch(date.month)
    {
        case 1:   days=date.day;        break;
        case 2:   days=date.day+31;     break;
        case 3:   days=date.day+59;     break;
        case 4:   days=date.day+90;     break;
        case 5:   days=date.day+120;    break;
        case 6:   days=date.day+151;    break;
        case 7:   days=date.day+181;    break;
        case 8:   days=date.day+212;    break;
        case 9:   days=date.day+243;    break;
        case 10:  days=date.day+273;    break;
```

```
                case 11: days=date.day+304;    break;
                case 12: days=date.day+334;    break;
    }

    if((date.year%4==0 && date.year%100!=0 || date.year%400==0) && date.month>=3)
        days+=1;

    printf("\n%d 月 %d 日是 %d 年的第 %d 天.\n",date.month,date.day,date.year,days);

    system("PAUSE");
    return 0;
}
```

7. 请编写一个计分程序：输入 10 个学生的学号、姓名以及 3 门课程的成绩，输入 10 个学生的数据，计算每个学生的平均成绩，并打印平均成绩在 85 分以上的人数。
   要求：（1）编写一条 typedef 语句声明一条完整的学生记录；
   （2）编写一个变量定义语句，定义包含 10 个学生记录的数组 class，使用数值 0 初始化数组。
   答：略

8. 请编写程序：输出 int 类型的整数的每个字节的编码（十六进制样式输出）。要求编写的程序能够在 2 字节或 4 字节整型的系统平台间移植。
   答：

```
/*习题 9 第 8 题：输出 int 类型的整数的每个字节。源程序：XT9-8.C*/
#include<stdio.h>
#include<stdlib.h>

int main()
{
    union
    {
        int n;
        char s[5];
    }x;
    int i;

    printf("输入一个整数：");
    scanf("%d",&x.n);

    for(i=0; i<sizeof(int); i++)
        printf("%d 的第%d 字节编码是：%x\n",x.n,i+1, x.s[i]&0xff);
```

```
            system("PAUSE");
            return 0;
}
```

9. 请编写一个程序：将两个数据域为整数的单链表合并为一个链表，并打印合并后的结果。
   要求程序中编写如下的函数：
   （1）创建单链表函数 creat( )。
   （2）合并链表函数 concatenate( )：该函数接收指向两个链表的指针作为形参，然后将第二个链表拼接到第一个链表的后面。
   （3）打印单链表中所有节点的数据函数 print( )。

答：

```c
/*习题 9 第 9 题：合并两个单链表。源程序：XT9-9.C*/
#include<stdio.h>
#include<stdlib.h>

struct node
{
    int   data;
    struct node *next;
};

struct node * creat( );
void print(struct node *head);
void concatenate( struct node *head1,struct node *head2);

int main(void)
{
    struct node *head1,*head2;

    head1=creat( );
    printf("\n 第 1 个链表内容是：\n");
    print(head1);

    head2=creat( );
    printf("\n 第 2 个链表内容是：\n");
    print(head2);

    concatenate(head1,head2);
    printf("合并后的第 1 个链表内容是：\n");
    print(head1);
```

```
        system("PAUSE");
        return 0;
}

/*函数 creat: 尾插法创建单链表,版本 1*/
struct node * creat( )
{
        struct node *head, *new, *tail;    /*头指针、新节点指针、尾节点指针*/
        int n;

        head = NULL;              /*设置链表为空链表*/

        printf("\n 正在创建链表,请输入整数,以-1 结束创建! \n\n");
        scanf("%d",&n);
        while(n!=-1)
        {
                new = (struct node *)malloc(sizeof(struct node));    /*创建新节点*/
                new->data = n;
                new->next = NULL;

                if(head == NULL)         /*如果链表为空*/
                        head = new;
                else
                        tail->next = new;

                tail = new;

                scanf("%d",&n);
        }
        fflush(stdin);
        return (head);
}    /*end creat*/

/*函数 print: 打印单链表所有的节点数据*/
void print(struct node *head)
{
        struct node *p;
        int n=0;

        p = head;
```

```
            while(p != NULL )
            {
                printf("%8d\t",p->data);
                n++;
                if(n%5==0)    printf("\n");
                p=p->next;
            }
            printf("\n\n");
    }   /*end print*/


    /*函数 concatenate：合并两个单链表 */
    void concatenate( struct node *head1,struct node *head2)
    {
        struct node *p;

        p = head1;
         while(p->next != NULL )
        {
            p=p->next;
        }

        p->next =head2;
    }
```

10. 请编写程序创建一个包含 10 个字符串的单链表，然后将该链表逆序，即原来的尾节点变成第一个节点，原来的第一个节点变成尾节点。
    答：略
11. 请编写一个递归函数：递归地在链表中查找某个指定的值，如果找到，函数返回指向这个数据值节点的指针，否则返回 NULL。然后编写主函数和相应的创建链表的函数，使得程序完整。
    答：略

第10章 流与文件

1. 缓冲流和非缓冲流之间有什么区别？缓冲的优点是什么？为什么 stderr 没有缓冲？
   答：略
2. 找出以下程序段的错误，并指明如何改正？
   a) open("receive.dat","r+");
      答：错误：打开文件的库函数名称错误。
      改为：把 open 改为 fopen。
   b) 打开文件 tools.dat，在不丢弃数据的情况下，向该文件添加数据：
      if(tfPtr = fopen("tooles.dat","w")==NULL)   exit(1);
      答：错误：打开文件的模式错误。
      改为："w"改为" a"。
   c) 打开文件 courses.dat，在不更改原有内容的前提下添加数据：
      if (cfPtr = fopen("courses.dat", "w+") == NULL)   exit(1);
      答：错误：打开模式"w+"将丢弃文件的当前内容。
      改为："w+"改为"a"。
   d) 从文件 paytable.dat 中读入一条记录（所有输入项都是 int 类型），流变量 payPtr 指向该文件：
      fscanf(payPtr, &account, &amount);
      答：错误，fscanf( )是格式化输入函数，第二个参数必须是输入格式符串。
      改为：
      fscanf(payPtr, "%d%d", &account, &amount);
3. 请编写一个函数 LineCount( )计算一个文本文件的行数。
   答：
   /*习题10 第3题：统计一个文本文件的行数。源程序：XT10-3.C*/
   #include<stdio.h>
   #include<stdlib.h>

   int LineCount(char * filename);

   int main( )
   {
       char filename[20];

```
        printf("输入一个文件名：");
        scanf("%s",filename);

        printf("文件%s 有%d 行\n", filename, LineCount(filename));

        system("PAUSE");
        return 0;
}

int LineCount(char * filename)
{
        FILE *fp;
        char c;
        int n=0;

        if((fp=fopen(filename,"r"))== NULL)
        {
                printf("文件打开错误");
                system("PAUSE");
                exit(1);
        }

        while(!feof(fp))
        {
                c = fgetc(fp);
                if(c=='\n')
                        n++;

        }

        fclose(fp);

        return n;
}
```

4. 请编程实现：输入的一系列书信息（书名，作者，出版社，单价，库存数目，类别等），把这些信息保存到文件 book.dat 中。

    答：略

5. 请编程实现：将习题 10 第 4 题中建立好的文件内容按照单价由高到低排序，将排好序的内容存入到文件 newbook.dat 中。

    答：略

6. 请编写一个程序，输入一个文件名，按照十六进制在屏幕上输出文件的内容。

答：

/*习题10 第6题：用十六进制在屏幕上输出文件的内容。源程序：XT10-6.C*/

```c
#include<stdio.h>
#include<stdlib.h>

int main()
{
    char filename[20],ch;
    FILE *fp;
    int n=0;

    printf("\n 请输入文件名： ");
    scanf("%s",filename);

    if((fp=fopen(filename,"r"))== NULL)
    {
        printf("文件打开错误");
        system("PAUSE");
        exit(1);
    }

    ch = fgetc(fp);
    while(ch!=EOF)
    {
        printf("%x ",ch&0xff);
        n++;
        if(n%10==0)
            printf("\n");
        ch = fgetc(fp);
    }
    printf("\n");

    fclose(fp);

    system("PAUSE");
    return 0;
}
```

7. 请编写一个程序，输入一个文件名，将文件的内容反序后重新存储到一个新的文件中。

答：

/*习题10第7题：文件的内容反序后重新存储到新文件中。源程序：XT10-7.C*/
```c
#include<stdio.h>
#include<stdlib.h>

void reversefile(FILE*,FILE*);
void printfile( char *filename);

int main()
{
    char infilename[20],outfilename[20],ch;
    FILE *in,*out;
    int n=0;

    printf("\n 请输入需要反序的文件名：");
    scanf("%s",infilename);

    if((in=fopen(infilename,"r"))== NULL)
    {
        printf("文件打开错误");
        system("PAUSE");
        exit(1);
    }

    printf("\n 请输入反序后另存的文件名：");
    scanf("%s",outfilename);

    if((out=fopen(outfilename,"w"))== NULL)
    {
        printf("文件打开错误");
        system("PAUSE");
        exit(1);
    }

    reversefile(in,out);

    fclose(in);
    fclose(out);

    printf("\n 原文件内容是：\n");
    printfile(infilename);
```

```c
        printf("\n 反序后新文件内容是：\n");
        printfile(outfilename);

        system("PAUSE");
        return 0;
}   /* end main */

/*函数 reversefile：文件 in 反序后存储在文件 out 中*/
void reversefile(FILE* in,FILE* out)
{
        char ch;
        long int last,count;

        fseek(in,0L,SEEK_END);
        last = ftell(in);

        for( count = 1L; count <= last; count++)
        {
                fseek(in,-count,SEEK_END);
                ch = fgetc(in);
                fputc(ch,out);
        }
}   /* end reversefile */

/* 函数 printfile:输出文件内容  */
void printfile( char *filename)
{
        FILE *fp;
        char ch;

        if((fp=fopen(filename,"r"))== NULL)
        {
                printf("文件打开错误");
                system("PAUSE");
                exit(1);
        }

        ch = fgetc(fp);
        while(ch!=EOF)
        {
```

```
            putchar(ch);
            ch = fgetc(fp);
        }

        printf("\n");

        fclose(fp);
    }   /* end printfile */
```

8. （文本文件转换）UNIX 和 DOS 系统中的文本文件格式略有不同，UNIX 文本文件的每一行都以一个换行符（\n）结束，而 DOS 文本文件中的每一行则以换行符和回车符（\n\r）结束。请编写一个常用工具程序 u2d，将文本文件从 UNIX 格式转换为 DOS 格式。该程序提示用户键入输入和输出文件的名称，读取输入文件，然后在输出文件中回显每个字符。写完每个换行符之后，再添加一个额外的回车符。

答：略

第11章 问题求解策略和算法设计

1. 请采用穷举蛮力法，编程输出由 1、2、3、4 和 5 组成的所有排列。
答：
/* 习题 11 第 1 题：穷举法求解 1～5 的全排列。源程序: XT11-1.C*/
#include <stdio.h>
#include <stdlib.h>

int difffive(int n1,int n2,int n3,int n4,int n5);

int main( )
{
    int n1,n2,n3,n4,n5,line=0;

    for(n1=1;n1<=5;n1++){
      for(n2=1;n2<=5;n2++){
        for(n3=1;n3<=5 ;n3++){
          for(n4=1;n4<=5;n4++){
            for(n5=1;n5<=5;n5++){
              if(difffive(n1,n2,n3,n4,n5)){
                printf("%d%d%d%d%d   ",n1,n2,n3,n4,n5);
                line++;
                if(line%5= =0)
                  printf("\n");
              }
            }
          }
        }
      }
    }
    system("PAUSE");
    return 0;
} /*end main*/

```c
/* 函数 difffive：判断 5 个数是否各不相同 */
int difffive(int n1,int n2,int n3,int n4,int n5)
{
    int c1,c2,c3,c4;
    c1 = (n1!=n2&&n1!=n3&& n1!=n4 && n1!= n5);
    c2 = (n2!=n3 &&n2!=n4&&n2!=n5);
    c3 = (n3!=n4&&n3!=n5);
    c4 = (n4!=n5 );

    if(c1&&c2&&c3&&c3&&c4)
        return 1;
    else
        return 0;
}    /* end difffive */
```
2. 请编写程序实现至少 4 种不同的排序算法，并分析比较它们在时间开销上的优劣。
   答：略
3. 请采用深度优先搜索技术，编程实现本章 11.6.3 节中例题 11-6 中的安排航班问题。
   答：和例题 11-6 中的爬山搜索算法相比，深度优先算法主要是 find( )函数的定义有区别。
   源代码如下所示：

```c
/* 习题 11 第 3 题：安排航班问题，深度优先搜索（Depth-first Search）。源程序: XT11-3.C*/
#include <stdio.h>
#include <stdlib.h>
#include <string.h>

#define MAX 100

/*航班结构定义*/
struct FL{
    char from[20];
    char to[20];
    int distance;
    char skip;      /* 用于回溯的标记成员 */
};

struct FL flight[MAX];      /* 航班数组 */

int f_pos = 0;              /* 航班数组的入口序号 */
int find_pos = 0;           /* 搜索到的航班数组序号 */

int tos = 0;                /* 堆栈的栈顶 */
```

```c
struct stack{
    char from[20];
    char to[20];
    int dist;
};

struct stack bt_stack[MAX];        /* 回溯用的堆栈 */

void setup(void), route(char *to);
void assert_flight(char *from, char *to, int dist);
void push(char *from, char *to, int dist);
void pop(char *from, char *to, int *dist);
void isflight(char *from, char *to);
int find(char *from, char *anywhere);
int match(char *from, char *to);

int main( )
{
    char from[20], to[20];

    setup( );

    printf("From?");
    gets(from);
    printf("To?");
    gets(to);

    isflight(from, to);
    route(to);

    system("PAUSE");
    return 0;
}   /*end main*/

/* 函数 setup: 初始化航班数组 */
void setup( )
{
    assert_flight("New York", "Chicago", 1000);
    assert_flight("Chicago", "Denver", 1000);
    assert_flight("New York", "Toronto", 800);
```

```c
        assert_flight("New York", "Denver", 1900);
        assert_flight("Toronto", "Calgary", 1500);
        assert_flight("Toronto", "Los Angeles", 1800);
        assert_flight("Toronto", "Chicago", 500);
        assert_flight("Denver", "Urbana", 1000);
        assert_flight("Denver", "Houston", 1500);
        assert_flight("Houston", "Los Angeles", 1500);
        assert_flight("Denver", "Los Angeles", 1000);
}       /* end setup */

/* 函数 assert_flight：插入一条航班记录到航班数组 */
void assert_flight(char *from, char *to, int dist)
{
        if( f_pos < MAX ){
                strcpy( flight[f_pos].from, from);
                strcpy(flight[f_pos].to, to);
                flight[f_pos].distance = dist;
                flight[f_pos].skip = 0;
                f_pos++;
        }
        else printf("Flight database full.\n");
}       /* end assert_flight */

/* 函数 route：显示航班路线和总距离 */
void route( char *to )
{
        int dist, t;

        dist = 0;
        t = 0;
        while( t < tos ){
                printf("%s    to ", bt_stack[t].from);
                dist += bt_stack[t].dist;
                t++;
        }

        printf("%s \n", to);
        printf("Distance is %d.\n", dist);
}       /* end route */
```

/* 函数 match：查找从 from 到 to 的航班，如果找到，返回距离；否则返回 0 */
int match(char *from, char *to)
{
    register int t;

    for(t = f_pos − 1; t > −1; t--)
        if(!strcmp(flight[t].from, from) && !strcmp(flight[t].to, to))
            return flight[t].distance;

    return 0;   /* no found */
}   /* end match */

/* 函数 find：查找从 from 起飞距离最远的目的地，并返回距离；如果没有任何航班，返回 0 */
int find(char *from, char *anywhere)
{
    find_pos = 0;

    while(find_pos < f_pos){
        if(!strcmp(flight[find_pos].from, from) && !flight[find_pos].skip){
            strcpy(anywhere,flight[find_pos].to);
            flight[find_pos].skip=1;
            return flight[find_pos].distance;
        }
        find_pos++;
    }

    return 0;
}   /* end find */

/* 函数 isflight：查找是否存在从 from 到 to 的航线 */
void isflight(char *from, char *to)
{
    int d, dist;
    char anywhere[20];

    /* 查找是否存在直达航班 */
    if(d = match(from , to)){
        push(from, to, d);
        return;

            }

            /* 如果无直达航班，则查找其他航线 */
            if(dist = find(from, anywhere)){
                push(from, to ,dist);
                isflight(anywhere, to);   /* 查找从 anywhere 到 to 的航班 */
            }
            else if(tos > 0){
                pop(from, to, &dist);
                isflight(from ,to);
            }
    }   /* end isflight */

    /* 函数 push：航线堆栈入栈操作 */
    void push(char *from, char *to, int dist)
    {
        if(tos < MAX){
            strcpy(bt_stack[tos].from, from);
            strcpy(bt_stack[tos].to, to);
            bt_stack[tos].dist = dist;
            tos++;
        }
        else printf("Stack full!\n");
    }   /* end push */

    /* 函数 pop：航线堆栈出栈操作 */
    void pop(char *from, char *to, int *dist)
    {
        if(tos > 0){
            tos--;
            strcpy(from, bt_stack[tos].from);
            strcpy(to, bt_stack[tos].to);
            *dist = bt_stack[tos].dist;
        }
        else printf("Stack underflow!\n");
    }   /* end pop */

4. 请采用宽度优先搜索技术，编程实现本章 11.6.3 节中例题 11-6 中的安排航班问题。
   答：和上题（第 3 题）中的深度优先算法比较，宽度优先算法的唯一区别是 isfilght( )函数的定义不同，该函数修改如下，其余部分和深度优先算法相同：
   /* 函数 isflight：查找是否存在从 from 到 to 的航线 */

```
void isflight( char *from, char *to)
{
    int d, dist;
    char anywhere[20];

    while(dist=find(from,anywhere)){
        /*宽度优先*/
        if( d = match( anywhere , to) ){
            push( from, to, dist);
            push(anywhere,to,d);
            return;
        }
    }

    /* 查找其他航线 */
    if( dist = find(from, anywhere) ){
        push( from, to ,dist);
        isflight(anywhere, to);      /* 查找从 anywhere 到 to 的航班 */
    }
    else if( tos > 0 ){
        pop(from, to, &dist);
        isflight(from ,to);
    }
}  /* end isflight */
```

5. 请采用最小代价搜索技术，编程实现本章 11.6.3 节中例题 11-6 中的安排航班问题。

答：最小代价搜索技术和例题 11-6 中的爬山搜索技术比较，唯一的区别是 find()函数的定义不同。完整的源代码如下所示：

```
/* 习题11 第3题：安排航班问题，最小代价搜索（Least-cost Search）。源程序: XT11-5.C*/
#include <stdio.h>
#include <stdlib.h>
#include <string.h>

#define MAX 100

/*航班结构定义*/
struct FL{
    char from[20];
    char to[20];
    int distance;
    char skip;      /* 用于回溯的标记成员 */
```

```c
};

struct FL flight[MAX];          /* 航班数组 */

int f_pos = 0;                  /* 航班数组的入口序号 */
int find_pos = 0;               /* 搜索到的航班数组序号 */

int tos = 0;                    /* 堆栈的栈顶 */
struct stack{
    char from[20];
    char to[20];
    int dist;
};

struct stack bt_stack[MAX];     /* 回溯用的堆栈 */

void setup(void), route(char *to);
void assert_flight(char *from, char *to, int dist);
void push(char *from, char *to, int dist);
void pop(char *from, char *to, int *dist);
void isflight(char *from, char *to);
int find(char *from, char *anywhere);
int match(char *from, char *to);

int main()
{
    char from[20], to[20];

    setup();

    printf("From?");
    gets(from);
    printf("To?");
    gets(to);

    isflight(from, to);
    route(to);

    system("PAUSE");
    return 0;
```

}   /*end main*/

/* 函数 setup：初始化航班数组 */
void setup( )
{
    assert_flight("New York", "Chicago", 1000);
    assert_flight("Chicago", "Denver", 1000);
    assert_flight("New York", "Toronto", 800);
    assert_flight("New York", "Denver", 1900);
    assert_flight("Toronto", "Calgary", 1500);
    assert_flight("Toronto", "Los Angeles", 1800);
    assert_flight("Toronto", "Chicago", 500);
    assert_flight("Denver", "Urbana", 1000);
    assert_flight("Denver", "Houston", 1500);
    assert_flight("Houston", "Los Angeles", 1500);
    assert_flight("Denver", "Los Angeles", 1000);
}   /* end setup */

/* 函数 assert_flight：插入一条航班记录到航班数组 */
void assert_flight(char *from, char *to, int dist)
{
    if(f_pos < MAX){
        strcpy(flight[f_pos].from, from);
        strcpy(flight[f_pos].to, to);
        flight[f_pos].distance = dist;
        flight[f_pos].skip = 0;
        f_pos++;
    }
    else printf("Flight database full.\n");
}   /* end assert_flight */

/* 函数 route：显示航班路线和总距离 */
void route(char *to)
{
    int dist, t;

    dist = 0;
    t = 0;
    while(t < tos){
        printf("%s   to ", bt_stack[t].from);

```c
            dist += bt_stack[t].dist;
            t++;
        }

        printf("%s \n", to);
        printf("Distance is %d.\n", dist);
}       /* end route */

/* 函数 match：查找从 from 到 to 的航班，如果找到，返回距离；否则返回 0 */
int match( char *from, char *to)
{
    register int t;

    for( t = f_pos − 1; t > −1; t-- )
        if( !strcmp( flight[t].from, from) && !strcmp( flight[t].to, to ) )
            return flight[t].distance;

    return 0;        /* no found */
}        /* end match */

/* 函数 find：查找从 from 起飞距离最远的目的地，并返回距离；如果没有任何航班，返回 0 */
int find( char *from, char *anywhere)
{
    int pos, dist;

    pos = 0;
    dist = 32000;        /*大于最长飞行距离*/
    find_pos = 0;

    while( find_pos < f_pos ){
        if( !strcmp(flight[find_pos].from, from ) && !flight[find_pos].skip ){
            if( flight[find_pos].distance < dist ){
                pos = find_pos;
                dist = flight[find_pos].distance;
            }
        }
        find_pos++;
    }
    if( pos ){
```

```c
            strcpy( anywhere, flight[pos].to );
            flight[pos].skip = 1;
            return flight[pos].distance;
        }
        return 0;
}   /* end find */

/* 函数 isflight: 查找是否存在从 from 到 to 的航线 */
void isflight( char *from, char *to)
{
        int d, dist;
        char anywhere[20];

        /* 查找是否存在直达航班 */
        if( d = match( from , to) ){
            push( from, to, d);
            return;
        }

        /* 如果无直达航班，则查找其他航线 */
        if( dist = find(from, anywhere) ){
            push( from, to ,dist);
            isflight(anywhere, to);     /* 查找从 anywhere 到 to 的航班 */
        }
        else if( tos > 0 ){
            pop(from, to, &dist);
            isflight(from ,to);
        }
}   /* end isflight */

/* 函数 push: 航线堆栈入栈操作 */
void push( char *from, char *to, int dist)
{
        if( tos < MAX ){
            strcpy( bt_stack[tos].from, from);
            strcpy( bt_stack[tos].to, to);
            bt_stack[tos].dist = dist;
            tos++;
        }
        else printf("Stack full!\n");
```

}   /* end push */

/* 函数 pop：航线堆栈出栈操作 */
void pop(char *from, char *to, int *dist)
{
    if(tos > 0){
        tos--;
        strcpy(from, bt_stack[tos].from);
        strcpy(to, bt_stack[tos].to);
        *dist = bt_stack[tos].dist;
    }
    else printf("Stack underflow!\n");
}   /* end pop */

参 考 文 献

[1]【美】赫伯特.希尔特著，王子恢、戴健鹏等译.C语言大全（第四版）.北京：电子工业出版社，2001.

[2]【美】P. J. Detiel, H. M. Detiel 等著，苏小红、李东、王甜甜等译.C大学教程（第五版）.北京：电子工业出版社，2008.

[3]【美】Alice E. Fischer, David W. Eggert 等著，裘岚、张晓芸等译.C语言程序设计实用教程.北京：电子工业出版社，2001.

[4] 谭成予.C程序设计导论.武汉：武汉大学出版社，2005.

[5] 谭浩强主编.C程序设计题解与上机指导（第二版）.北京：清华大学出版社，2000.

[6]【美】K.N.King 著.吕秀峰译.C语言程序设计现代方法. C Programming: A Modern Approach. 北京：人民邮电出版社，2007.

[7] 李春葆、张植民、肖忠付编著.C语言程序设计题典.北京：清华大学出版社，2002.

[8] 温海、张友、童伟等编著.C语言精彩编程百例.北京：中国水利水电出版社，2003.

[9] 吕凤翥、韩联编著.C语言程序设计与上机指导.北京：清华大学出版社，1999.

[10] 姜灵芝、余健主编.C语言课程设计案例精编.北京：清华大学出版社，2008.

[11] 王力青、刘变红编著.C语言高级编程及实例剖析.北京：人民邮电出版社，2007.

[12]【美】Ivor Horton 著.李颂华、康会光译.Visual C++2005入门经典.北京：清华大学出版社，2007.